高效养殖致富直通车

鸭病

鉴别诊断图谱与安全用药

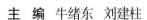

主　编　牛绪东　刘建柱

副主编　毛娅卿　叶得河　李克鑫　王金纪
　　　　邹洁建　温华梅　侯占民

参　编　许冠龙　侯力丹　王德丽　王　兆　李　昂　张一帜　张　栋
　　　　冯　刚　李克钦　张　波　张志浩　赵胜利　孙宪华　刘汉忠
　　　　吴立壮　赵思凯　张维玺　王　涛　侯付宝　刘崇国　叶保东
　　　　白月山　白月峰　张子月　韩维玉

机械工业出版社
CHINA MACHINE PRESS

本书按照鸭病临床症状进行分类，主要分为消化系统疾病、呼吸系统疾病、神经和运动系统疾病、被皮系统疾病、中毒性疾病五部分，介绍了各类疾病临床症状的诊断思路及鉴别诊断要点，以及常见鸭病的鉴别诊断与防治方法。本书共介绍了常见鸭病46种，选取典型图片约250张，力求图文并茂，文字简洁、易懂，科学性、先进性和实用性兼顾，让广大鸭养殖场工作人员一看就懂、一学就会。

本书适合鸭养殖相关从业人员阅读，也可作为各级院校动医专业及相关专业师生的参考资料。

图书在版编目（CIP）数据

鸭病鉴别诊断图谱与安全用药/牛绪东，刘建柱主编. —北京：机械工业出版社，2020.7（2022.6重印）
（高效养殖致富直通车）
ISBN 978-7-111-65331-8

Ⅰ.①鸭…　Ⅱ.①牛…②刘…　Ⅲ.①鸭病－鉴别诊断－图谱②鸭病－用药法　Ⅳ.①S858.32-64

中国版本图书馆 CIP 数据核字（2020）第 061300 号

机械工业出版社（北京市百万庄大街22号　邮政编码100037）
策划编辑：周晓伟　高　伟　责任编辑：周晓伟　高　伟　郎　峰
责任校对：赵　燕　　　　　责任印制：张　博
保定市中画美凯印刷有限公司印刷
2022 年 6 月第 1 版第 2 次印刷
145mm×210mm・6.125 印张・192 千字
标准书号：ISBN 978-7-111-65331-8
定价：39.80 元

电话服务　　　　　　　　　　网络服务
客服电话：010-88361066　　机 工 官 网：www.cmpbook.com
　　　　　010-88379833　　机 工 官 博：weibo.com/cmp1952
　　　　　010-68326294　　金 书 网：www.golden-book.com
封底无防伪标均为盗版　　机工教育服务网：www.cmpedu.com

前　言

　　目前，我国鸭的养殖方式多种多样，鸭病的防治水平参差不齐，抗体、疫苗乱用现象层出不穷，导致鸭病越来越多，致使老病未除、新病不断，多种疾病混合感染，非典型性疾病、营养代谢病和中毒性疾病增多，这不仅直接影响了鸭养殖的经济效益，而且由于防治疾病过程中药物的大量使用，导致鸭体内药物残留，成为亟待解决的问题。因此，加强对鸭病的防控非常必要，而对鸭病进行有效防控的前提是对疾病进行正确的诊断。然而，鸭养殖场的工作人员对鸭病诊断专业技能和知识的掌握相对不足，使鸭养殖场不能有效地控制疾病，导致生产水平逐步降低，经济效益不高，甚至亏损，阻碍了养鸭业的可持续发展。对此，我们组织了多年来一直从事鸭病防治工作的专家和学者编写了本书，让鸭养殖场工作人员按图索骥，做好鸭病的早期预防工作，降低养殖成本，获取最大的经济效益。

　　本书介绍了鸭消化系统疾病、呼吸系统疾病、神经和运动系统疾病、被皮系统疾病、中毒性疾病共46种，采用图片约250张，力求图文并茂，文字简洁、易懂，科学性、先进性和实用性兼顾，让广大鸭养殖场工作人员一看就懂、一学就会。

　　需要特别说明的是，本书所用药物及其使用剂量仅供读者参考，不可照搬。在生产实际中，所用药物学名、常用名与实际商品名称有差异，药物浓度也有所不同，建议读者在使用每一种药物之前，参阅厂家提供的产品说明以确认药物用量、用药方法、用药时间及禁忌等。购买兽药时，执业兽医有责任根据经验和对患病动物的了解决定用药量及选择最佳治疗方案。

　　由于编者水平有限，书中难免存在不足之处，恳请广大读者批评指正，以便再版时改正。

编者

目 录

V

183　附录

190　参考文献

第一章

鸭消化系统疾病的鉴别诊断与防治

第一节　消化系统疾病的发生因素及感染途径

一、疾病的发生因素

（1）**生物性因素**　包括致病性微生物和寄生虫等，常见微生物有病毒（如疱疹病毒、副黏病毒、呼肠孤病毒等）、细菌（如鸭疫里默氏杆菌、大肠杆菌、沙门菌等）、真菌（如黄曲霉菌、白色念珠菌等）等；常见寄生虫有球虫、蛔虫、绦虫等。

（2）**化学性致病因素**

1）无机毒物，主要有酸、碱、重金属等。

2）有机毒物，包括农药、醇类、醛类等。

3）工业毒物，是指二氧化硫、硫化氢、一氧化碳等。

（3）**营养因素**　机体生命活动所必需的营养物质主要包括碳水化合物、脂肪、蛋白质、水和无机盐，以及各种维生素和微量元素。营养不足如饲料配方不合理或饲料存放时间过长，均可能成为疾病发生的直接原因或诱因。

（4）**物理致病因素**　主要包括季节变化、光辐射、异常声音、应激等，这类因素引起的腹泻多称为功能性拉稀症。

（5）**生理性因素**　主要包括鸭生产性能改变及饲喂方式方法改变时造成的腹泻和因年龄因素变化所引起的腹泻，我们多称为生理性拉稀症。

二、疾病的感染途径

消化道黏膜是鸭与环境之间接触的重要部位，其对各种微生物、化学

1

毒物和物理刺激等均有良好的防御机能。消化器官在物理性、生物性、化学性、机械性等因素的刺激下及其他器官疾病等的影响下，削弱或降低了消化道黏膜的屏障防御作用和机体的抵抗能力，导致外源性病原菌、消化道常在病原菌（内源性病原菌）的侵入和大量繁殖，从而引起消化系统的损伤及炎症等病理反应，进而造成消化系统疾病的发生和传播。

第二节　腹泻的诊断思路及鉴别诊断要点

一、诊断思路

1. 首先根据病史和临床症状确定病因

由病原微生物引起的腹泻，一般发病急，有发热症状，多群发；由寄生虫侵袭引起的腹泻发病比较缓慢，多群发，通常无发热症状；营养性腹泻多发生于生长期的鸭群，发病缓慢、病程较长，还会出现营养缺乏症；由毒物引起的急性中毒造成的腹泻多突然发病，病情严重，生长良好的鸭往往先发病，而慢性中毒引起的腹泻，病鸭逐渐增多，体重逐渐下降，常常表现时好时坏，无发热症状。

2. 粪便性状特征

鸭群常见的 6 种异常粪便有无色稀便、红色便或红色稀便、黄色稀便、白色稀便、黑色稀便和绿色稀便。

1) 如果粪便中有大量无色清水样便并含有尚未消化的饲料颗粒，且无其他异常颜色，提示鸭群可能发生了功能性腹泻症或生理性腹泻症。

2) 如果鸭只排红褐色血便或浅红色似胡萝卜样色的粪便，多提示鸭群可能感染了球虫，或者某些梭菌。

3) 如果鸭只排黄色甚至鲜黄色似硫黄样稀便，多提示鸭群可能感染了组织滴虫。

4) 如果鸭只排白色或黄白色稀便，多提示鸭群可能感染了流感病毒、副黏病毒（感染初期）、呼肠孤病毒、传染性法氏囊病毒、隐孢子虫病或黄曲霉毒素中毒等。

5) 如果鸭只排黑色或灰黑色似水泥样稀便，多提示鸭群可能感染了大肠杆菌，或因慢性肠炎引起的消化不良。

6）如果鸭只排深绿色或黑绿色稀便，多提示鸭群可能感染了流感病毒、副黏病毒、多杀性巴氏杆菌、住白细胞原虫或螺旋体；如果病鸭仅排浅绿色粪便或正常粪便表面附有浅绿色稀便，多提示鸭群遭受了某些应激。

3. 实验室检查

实验室检查是诊断鸭消化系统疾病的重要方法之一。根据临床初步诊断，确定实验室需要检查的项目。常用的实验室检查项目有粪便检查、血液学检查、血液生化分析、血清学实验、微生物学检查、饲料和胃肠内容物的毒物分析等。

（1）粪便检查 主要是寄生虫学检查。鸭体内的寄生虫，如球虫、滴虫、蛔虫和绦虫等大都寄生于消化道内，它们的虫卵、卵囊、虫体和幼虫一般都是通过粪便排出体外，可采其粪便进行直接涂片，或通过离心沉淀浮卵、饱和盐水浮卵和水洗沉淀等方法在显微镜下观察。

（2）微生物学检查

1）病料涂片镜检。对于一些具有特征性形态的病原体，如曲霉菌、巴氏杆菌、葡萄球菌等，通过取有显著病变的特定组织器官进行涂片和染色镜检，可做出初步诊断。用病料直接制作触片或涂片镜检的方法较简单，但因为细菌太少，常难以观察到。有条件时应将病料接种到培养基上进行培养，然后用培养物涂片镜检。这样不仅能观察到大量细菌，还可根据培养后的菌落大小、形态、颜色来鉴别细菌。

2）分离培养和鉴定。用人工培养的方法，如鸭胚培养、组织培养及人工培养基培养等，将病原体从病料中分离出来，并进一步对其进行形态学、培养特性、生化特性检查、动物接种及血清学检查等，从而做出准确的鉴定。

3）动物接种实验。将分离或可疑的病料接种于易感的实验动物，如雏鸭、小白鼠、豚鼠等，根据接种动物所出现的临床症状和病理变化等特征进行诊断。

4）血清学诊断。利用抗原和抗体之间的特异性反应进行疾病确诊的方法，具有高度的特异性和敏感性。可用已知抗原或抗体测未知的抗体或抗原，是传染病的重要诊断方法。常用的有凝集反应、琼脂扩散反应、中和试验和免疫荧光抗体技术等。

二、鉴别诊断要点

引起鸭腹泻的常见疾病的鉴别诊断要点，见表1-1。

表1-1 引起鸭腹泻的常见疾病的鉴别诊断要点

病名	发病日龄	流行特点	发病率	死亡率	排便特点	剖检特点
鸭流感	不分年龄和品种	一年四季均可发生，但冬、春季节多发。病死鸭或带毒的候鸟及野鸟是主要传染源，主要通过水平传播。任何突然发病，同群传播较快	同群一旦发病，则很快波及全群，几乎达100%	急性型20%~75%甚至90%以上；亚急性型3%~8%	排白色或黄白色稀便，多数稀便内含有成形的绿便，少数直接排出稀绿便	皮肤死血、出血，心肌环死；脾脏肿大，出血点、坏死；胰腺有出血点，白色环死，死点或坏死灶；肠道淋巴滤泡肿胀，出血；明泡变性、泡泡变性，出血甚至破裂造成新鲜的膜出血膜炎
鸭瘟	不分日龄和品种，1月龄以下的雏鸭发病较少。成年鸭较为严重	一年四季均可发生，但夏初至秋季多发。潜状期的感染鸭，病鸭及病愈久的带毒鸭发病是主要传染源，主要通过消化道传播。如果鸭场引进病鸭或带毒鸭，可引起本病的暴发	发病率接近于死亡率，说明致死率较高	总死亡率为5%~100%	腹泻、排绿色或灰白色水样稀便，泄殖腔周围的羽毛被沾污，严重者泄殖腔黏膜松弛外翻	食道黏膜有纵行排列的灰黄色伪膜覆盖，伪膜易剥离；泄殖腔黏膜覆盖一层灰褐色或绿色的坏死痂，不易剥离；肝脏早期见出血斑点，后期可见大小不同的灰白色坏死灶，其坏死灶周围有时可见环形出血带
鸭副黏病毒病	不分日龄和品种，10~70日龄的小鸭易感，且损失较大	一年四季均可发生，但冬、春季节多发。病鸭及带毒鸭是主要传染源，通过消化道，呼吸道、皮肤或黏膜的损伤而感染	20%~60%	10%~50%	水样腹泻，初期排出白色稀便。随后排绿色或黄绿色稀便	消化和呼吸系统的器官黏膜充血、出血、坏死、溃疡或呈弥漫性点状出血，以胰腺致膜和气管环，十二指肠及泄殖腔黏膜的出血最为明显

病名	主要感染日龄/易感性	流行病学	发病率	死亡率	临床症状	病理变化
鸭呼肠孤病毒病	主要感染10~25日龄的番鸭和樱桃谷鸭	无明显季节性，但夏季在任任多发。发病和带毒的鸭、鹅是主要传染源，本病主要通过呼吸道或消化道感染，也能垂直传播	20%~60%，最高90%，应激和混合感染率80%~90%	一般在10%~60%，日龄越小发病率越高	下痢，排出白色或浅绿色带有黏液的稀粪	肝脏肿大，有针尖至米粒大小散在的灰白色坏死灶；脾脏肿大出血、坏死，特别是樱桃谷肉鸭感染后脾脏坏死死更明显，故称脾脏坏死症
鸭冠状病毒性肠炎	各品种、年龄的鸭均可感染，但以20~30日龄的鸭多发	病鸭又处于潜伏期（4天）的感染鸭是主要传染源；主要经消化道感染；发病急、传播快	几乎100%	仅为6%，日龄越小，其死亡率越高	腹泻，排出白色或黄绿色稀粪	十二指肠的病变最具特征：肠壁水肿、充血、出血，呈紫红色、管腔变窄，内充满黏性或血样的分泌物；直肠和泄殖腔黏膜呈深红色；直肠和泄殖腔黏膜也充血和水肿现象
鸭传染性法氏囊病	不分品种，发病日龄最小为4日龄，最大119日龄，以7~35日龄多发	病鸭和带毒鸭是主要传染源，传播途径包括消化道、呼吸道和眼结膜等；发病急，潜伏期短，多在症状出现后1天内死亡，发病2~3天为死亡高峰期	80%~100%	20%~60%	下痢，病初排出白色水样稀便，内有大量白色尿酸盐，1~2天后排绿色或黄色水样便	脱水；法氏囊硬肿，严重者水肿呈紫红色、黏膜出血，有的内含果酱样渗出物或干酪样物；胸肌和腿肌有斑点状或条状出血；腺胃和肌胃交界处有出血带；肾脏呈现"花斑肾"

（续）

病名	发病日龄	流行特点	发病率	死亡率	排便特点	剖检特点
鸭大肠杆菌病	不分品种和年龄均可感染，但以雏鸭最易感，7~45日龄最严重	一年四季均可发生，但以冬季和夏季多发；病鸭和带菌鸭是主要传染源，最主要的传播途径是呼吸道，但也可通过消化道、蛋壳穿透、交配等感染，本病可垂直传播	10%~15%，饲养管理差的鸭群易发病	病死率可达60%以上	排古铜色或灰绿色恶臭稀便，内含白色黏液或混血丝、血块和气泡，肛门周围常有干涸周性粪便	脱水；常见纤维素性心包炎、气囊炎和肝周炎；肝脏、脾脏、肾脏肿大并充血和出血，肺脏充血、出血、水肿；胰腺潮红；2周龄内的雏鸭有的还可见到大肠杆菌性脑炎症状；成年产蛋鸭可出现卵黄性腹膜炎
鸭疫里默氏杆菌病	1~8周龄易感。急性型多为2~3周龄，亚急性型或慢性型多发于4~8周龄，8周龄以上很少发病	四季均发，但以冬、春季节多发；病鸭及处于潜伏期（3~5天）的感染鸭是主要传染源；本病主要经呼吸道或皮肤伤口感染，也可通过被污染的饮水、饲料，尘土及飞沫经消化道传染	大约为90%以上	5%~80%；常与大肠杆菌、巴氏杆菌、沙门氏菌、葡萄球菌等混合感染	拉稀，排出浅黄白色、绿色或黄绿色稀便	呈现纤维素性包炎、肝周炎、气囊炎、脑膜炎，结膜炎及输卵管炎等，或脾脏肿大呈斑驳状，表面有灰白色坏死点，有些病鸭的肺脏呈黑色或不同程度的间质性水肿

病名	易感性	传染源与流行特点	发病率	死亡率	粪便	病理变化
鸭沙门菌病（副伤寒）	本病的发生不分品种、年龄和季节；1～3周龄最易感，成年鸭多呈隐性经过	带菌鸭和种蛋是主要传染源；主要通过消化道或飞沫经呼吸道而感染，也可垂直传播，此外，鼠类和苍蝇可以带菌，在流行病学上也起着极为重要的媒介作用；此病菌可引起人的食物中毒	因执行生物安全的到位程度不同，则发病率不等，重者高达90%	多在10%～20%之间，严重者高达60%～80%	病初拉稀粪便呈稀粥状，后为带气泡的黄绿色稀便或带有白色黏液或带血丝，干常沾于肛门处，干涸后出现糊肛	卵黄吸收不良，常见铜色、青铜色，白色坏死灶；肝脏肿大有针头大小的坏死点，脾脏肿大有出血，在肠浆膜表面有血、出血，时有到大量灰白色瘤状结节、慢性型病例可见肠黏膜坏死呈糠麸样变化；盲肠肿胀，内常有干酪样栓子
鸭坏死性肠炎	本病主要发生于种鸭，雏鸭少见	四季均发，但秋、冬季高发，也发于夏季湿热夏季；带菌和耐过鸭为重要传染源；主要经消化道感染或肠内菌群失调而发病，球虫感染是引起或促进本病发生的重要因素，某些应激因素如滥用抗生素、感染流感病毒和黄病毒等均可促进本病的发生	一般情况下，发病率较低	一般情况下，死亡率较低，有的仅为1%～2%	腹泻，粪便呈红褐色乃至黑色煤焦油样，有时见到脱落的肠黏膜组织	主要在小肠后段，尤其是回肠及部分盲肠壁扩张、回肠变得粗而脆，肠后期肠内大量血液淡液体，病后期气体充满恶臭气体，黏膜增厚，表面覆有一层黄绿色或黄白色伪膜；母鸭输卵管内常有干酪样渗出物；肝脏肿大呈土黄、黄白色坏死点，脾脏肿大呈紫黑色

（续）

病名	发病日龄	流行特点	发病率	死亡率	排便特点	剖检特点
鸭球虫病	各种日龄的鸭均可感染发病，但以3~6周龄的中鸭最严重	夏、秋季节多发，本病的传播是通过接触被病鸭的粪便或被带有球虫卵囊的饲料、饮水、鸭舍、用具等而感染	一般在30%~50%，4~6周龄的中鸭感染率高	一般在20%~60%	初期排灰绿色便，继而呈棕褐色，最后呈桃红色，胶冻样或水样	小肠有出血点，内容物为浅红色或咖啡色乳糜样黏液，黏膜上有出血点、白色小点及一层糠麸样坏死组织，有的盲肠出血，有红色胶冻状黏液
鸭白细胞原虫病	不分年龄，但雏鸭易感且多呈急性经过，成年鸭呈慢性经过	本病多发生于每年7~9月，本病的传播媒介是库蠓和蚋（金毛真蚋），病愈鸭体内可长期带虫，当有库蠓和蚋出现时便可传播本病		小鸭30%~40%，严重者70%，成年鸭带虫率高	下痢，粪便呈浅黄绿色	贫血，胸肌、腿肌、心肌及胸腺上有大小不等的出血点；肝脏、脾脏肿大，呈浅黄色且暗淡无光泽；消化道黏膜充血潮红；心肌松弛，心包积液
鸭蛔虫病	不分年龄，但雏鸭易感，随着年龄的增长则易感性降低	鸭的蛔虫是由鸡蛔虫引起的，当鸭与鸡混养时，感染率较高	很低	很低	下痢与便秘交替出现，有的稀粪中混有带血的黏液	消瘦贫血；当虫体的幼虫钻入肠黏膜时造成出血性肠炎；肠壁上常可见到颗粒状的化脓灶或结节；严重者出现虫体
鸭绦虫病	主要发生于幼鸭、成年鸭，感染后症状较轻微而带成为带虫者	本病多发生于5~7月，本病流行范围极为广泛，在一些养鸭区多呈地方性流行，对幼鸭危害尤其严重	较高	较低	排灰白色或浅绿色恶臭稀便并混有黏液和虫体孕卵节片	尸体消瘦；小肠黏膜充血、出血，出现明显的炎症变化；肠腔内可看到绦虫及节片；脾脏、肝脏和胆囊增大

第三节 常见消化系统疾病的鉴别诊断与防治

一、鸭流感

鸭流感,即鸭流行性感冒,是由具有致病力的 A 型禽流感病毒引起的,可造成以商品肉鸭呈现呼吸道症状、神经症状、高发病率、心包炎、胰脏上有大量白色坏死点或透明样液化状坏死灶,以及产蛋鸭表现呼吸道症状、高发病率、低死亡率及产蛋量急剧下降等为主要特征的一种病毒性传染病。各品种鸭均可感染发病,但以番鸭发病为甚。各日龄鸭均可感染发病,但临床上多见于 20 日龄以上的鸭群。患病鸭群的发病率、病死率与鸭的品种、日龄及有无并发症或继发症有关。本病一年四季均有发生,但以每年的 11 月至第二年的 4～5 月发病较多。

【临床症状】 患鸭流感的病鸭主要表现为精神沉郁,伏卧,缩颈,腿软无力,不能站立,有的出现结膜炎,食欲减退或废绝,饮水量增加。拉白色或浅黄色的水样稀粪(图 1-1),有的内含绿色块状物,粪便污染肛门周围的羽毛。部分病鸭出现呼吸道症状。病鸭死前喙呈暗灰色(图 1-2),部分病鸭死前有神经症状,出现拧脖、歪头、翻滚(图 1-3),迅速脱水、消瘦。鸭流感病程短,鸭群感染发病后 2～3 天内出现大批死亡。产蛋鸭感染后数天内死亡率不高,但产蛋量迅速下

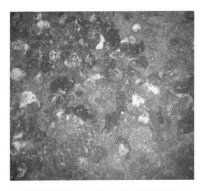

图1-1 浅黄色水样稀粪

降,有的鸭群产蛋率可降至 10% 以下甚至停产,持续 1～2 个月后产蛋率逐渐回升,但恢复不到原来的水平。发病期间常出现畸形蛋、软壳蛋、褪色蛋等蛋质差的现象(图 1-4)。种鸭种蛋的受精率下降,孵化过程中死胚增多(图 1-5),出壳的雏鸭中弱雏较多,1～10 日龄内死亡率较高。

图1-2 病鸭喙呈暗灰色

图1-3 病鸭出现拧脖、歪头、翻滚

图1-4 种鸭产出的软壳蛋

图1-5 大量死亡的鸭胚

【剖检病变】 急性死亡的患病鸭，全身皮肤充血、出血，蹼充血、出血（图1-6），皮下特别是腹部皮下充血，脂肪有散在性出血点；气管和支气管黏膜出血，其内有时可见数量不等的干酪样物，肺脏瘀血、出血、水肿（图1-7）；胰腺有出血点或出血斑（图1-8），或大量针尖大小的白色坏死点（图1-9），或透明样液化状坏死灶（图1-10）；心冠脂肪和心内外膜出血（图1-11、图1-12），心肌出现白色条纹状坏死呈现"虎斑心"（图1-13），有时可见心包内有数量不等的积液（图1-14）；部分病例腺胃和肌胃交界处出血，腺胃乳头出血（图1-15），肠黏膜充血、出血；肝脏和肾脏肿大、瘀血或出血；脾脏肿大，呈"雪花状"坏死（图1-16）；胆囊肿大，充满胆汁。

　　患病产蛋鸭的主要病变在卵巢，卵泡严重充血、出血，严重者呈紫葡萄状（图1-17），有的蛋白分泌部有凝固的蛋清。卵泡变性皱缩，卵黄液稀薄甚至卵泡破裂于腹腔内呈现腹膜炎（图1-18）。

图1-6　鸭蹼充血、出血，肛门周围被稀便污染

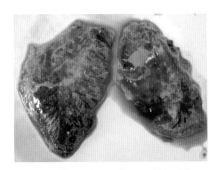

图1-7　肺脏瘀血、出血，轻度水肿

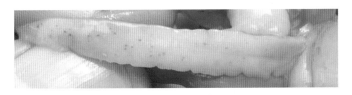

图1-8　胰腺出现大量出血点

图1-9　胰腺有大量针尖大小白色坏死点

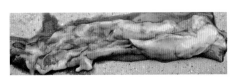

图1-10　胰腺潮红、出血、透明样液化坏死灶

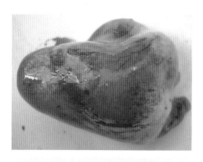

图 1-11　心外膜及心冠脂肪出血

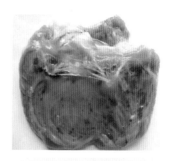

图 1-12　心内膜严重出血

图 1-13　心肌出现条纹状坏死

图 1-14　心肌坏死呈"虎斑心"
　　　　状，心包内有少量积液

图 1-15　腺胃乳头出血

图 1-16　脾脏肿大，
　　　　呈"雪花状"坏死

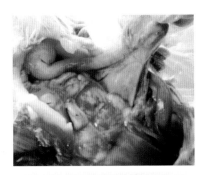

图 1-17 卵泡充血、出血、 变性，内容物稀薄

图 1-18 卵泡变性破裂并 呈现腹膜炎

【类症鉴别】 诊断本病应与鸭呼肠孤病毒病、鸭病毒性肝炎、鸭瘟、鸭副黏病毒病、番鸭细小病毒病、鸭霍乱、鸭疫里默氏杆菌病、疏螺旋体病、鸭疱疹病毒性出血症和鸭坦布苏病毒病等相鉴别。

（1）与鸭呼肠孤病毒病的鉴别 鸭呼肠孤病毒病主要感染 10～25 日龄的雏番鸭和樱桃谷肉鸭，而鸭流感不分品种和年龄均可感染发病；二者虽然均有脾脏肿大、坏死的现象，但鸭呼肠孤病毒病肝脏上有坏死灶，而鸭流感的肝脏主要表现瘀血和出血；鸭流感心脏内外膜出血甚至心肌坏死呈"虎斑心"，而鸭呼肠孤病毒病无此病理变化；病程稍长的鸭呼肠孤病毒病常出现心包炎，而鸭流感则无此现象；鸭流感有腺胃乳头出血、肠淋巴滤泡肿胀和出血甚至坏死、卵泡变性甚至破裂的现象，而鸭呼肠孤病毒病则无这些变化。

（2）与鸭病毒性肝炎的鉴别 鸭病毒性肝炎是雏鸭（3～45 日龄）的一种传播迅速和高度致死性的病毒性传染病，而鸭流感不分年龄均可感染发病；鸭病毒性肝炎主要是肝脏出血，而鸭流感有胰腺出血及胰腺表面有针尖大小的白色坏死点或透明样液化灶；鸭流感出现心肌坏死，而鸭病毒性肝炎无此变化；二者均可出现神经症状，但鸭病毒性肝炎多在临死前发生；鸭流感主要见脾脏坏死，而鸭病毒性肝炎的脾脏主要表现斑驳状出血和变性；将病料接种易感鸭胚，如果死亡胚尿囊液具有血凝活性，且能被流感病毒抗血清所抑制，说明是流感病毒所致，否则是其他原因引起的鸭胚死亡。

（3）与鸭瘟的鉴别 鸭瘟在成年鸭较为严重，30 日龄以下的雏鸭发病较少，而鸭流感不分年龄；鸭瘟的食道黏膜和泄殖腔黏膜可见坏死现象，而鸭流感无此变化；鸭瘟肝脏可出现带有"红染"的坏死灶，而鸭流感无此病变。

（4）**与鸭副黏病毒病的鉴别** 鸭副黏病毒病最常发生于 10 ~ 70 日龄的小鸭，中鸭和大鸭发病轻微，而鸭流感不分年龄，一旦发病均较严重；鸭副黏病毒病肠道淋巴滤泡出血和坏死严重，呈现明显的"环状"坏死带，而鸭流感淋巴滤泡主要是出血，部分出现轻度坏死；鸭流感出现心肌坏死，而鸭副黏病毒病无此变化；将病料接种于易感鸭胚，死亡胚尿囊液具有血凝性，若能被禽Ⅰ型副黏病毒抗血清所抑制，应是鸭副黏病毒所致，若能被禽流感抗血清所抑制，应是鸭流感病毒所致。

（5）**与番鸭细小病毒病的鉴别** 番鸭细小病毒病主要侵害 3 周龄以内的雏番鸭，成年鸭多不发病，而鸭流感不分品种和年龄均可感染发病；番鸭细小病毒病临死前出现脑神经症状，而鸭流感发病初期即可见到脑神经症状；番鸭细小病毒病脾脏有时出现少量坏死点，而鸭流感则呈现"雪花状"坏死灶；番鸭细小病毒病肠道内有时可见纤维素性干酪样物，而鸭流感则无此变化；番鸭细小病毒无血凝性，而鸭流感病毒具有血凝特性。

（6）**与鸭霍乱的鉴别** 鸭霍乱主要发生于夏、秋季节，成年鸭最易感，而鸭流感不分年龄且冬、春季节多发；鸭霍乱肝脏多呈浅黄色变性且有灰白色、边缘整齐的坏死点，而鸭流感肝脏多呈暗红色瘀血和出血，无坏死现象；鸭霍乱主要表现胰腺潮红、出血，而鸭流感胰腺有白色坏死点或透明样液化灶；鸭流感心肌有白色条纹样坏死，而鸭霍乱则无此变化；如果把病死鸭肝脏病料接种于马丁琼脂，鸭巴氏杆菌会长出露珠样的小菌落，而鸭流感病毒则不会生长。

（7）**与鸭疫里默氏杆菌病的鉴别** 鸭疫里默氏杆菌病多发生于 1 ~ 8 周龄的雏鸭，而鸭流感不分年龄和品种均可感染发病；鸭疫里默氏杆菌病主要表现急性心包炎、肝周炎和气囊炎，而鸭流感则无此病理变化；将患病鸭肝脏病料接种于巧克力琼脂或胰蛋白酶大豆琼脂培养基上，鸭疫里默氏杆菌可长出圆形稍凸起、光滑且直径为 1 ~ 2 毫米呈奶油状的菌落，而鸭流感病毒则无任何生长。

（8）**与疏螺旋体病的鉴别** 疏螺旋体病主要发生于 5 ~ 9 月，多数是生活在水边的鸭群，多呈散发且发病率和死亡率都很低，而鸭流感一年四季均可发生，但冬、春季节多发且流行性强，其发病率和死亡率均很高；

疏螺旋体病腹泻，排绿色稀便且分3层，外层为蛋清样浆液，中层为绿色，最内层是散在的白色块状物，而感染鸭流感的病鸭多数排出黄白色稀便，其内有散在的墨绿色块状物；疏螺旋体病的肝脏肿大2~3倍呈砖红色且有出血点和坏死点，脾脏肿大1~2倍呈斑驳状，肾脏肿大苍白且输尿管中有尿酸盐沉积，而鸭流感的肝脏、脾脏、肾脏也肿大，但多呈暗红色，脾脏可出现"雪花状"坏死；鸭流感还可见胰腺有针尖大小白色坏死点或红色出血点，心肌坏死，肠道淋巴滤泡肿胀、出血，而疏螺旋体病则无这些剖检变化。

（9）与鸭疱疹病毒性出血症的鉴别　鸭疱疹病毒性出血症主要发生于10~55日龄的鸭群且多为散发，35日龄以前其发病率和死亡率均较高，但之后逐渐降低，而鸭流感却不分年龄且流行性强，其发病率和死亡率均持续增高；鸭疱疹病毒性出血症呈现黑羽现象，即双翅的羽毛管内出血呈紫黑色易脱落，体端末梢呈紫黑色，而鸭流感无此现象；鸭疱疹病毒性出血症的特征性病变是全身组织器官出血或瘀血，如肝脏、脾脏、肾脏、胰腺、肠管、法氏囊及大脑等，而鸭流感主要表现为肝脏、脾脏、肾脏肿大并瘀血及出血；鸭流感还可见心肌坏死，肠道淋巴滤泡肿胀、出血，而鸭疱疹病毒性出血症则无这些剖检变化。

（10）与鸭坦布苏病毒病的鉴别　鸭坦布苏病毒病和鸭流感都有病毒性脑炎的症状，如瘫痪、站立不稳，但鸭坦布苏病毒病的发病率很高，但死亡率很低，而鸭流感的发病率和死亡率都很高；鸭坦布苏病毒病没有特征性病理变化，而鸭流感却有许多特征性变化，如胰腺出血、坏死，心肌坏死，脾脏呈"雪花状"坏死，盲肠扁桃体肿胀、出血等。

【临床用药】　加强饲养管理和防疫措施，特别注意不从疫场引进雏鸭。一旦发现疫情，应迅速上报并做出正确诊断，立即采取控制及扑灭措施，淘汰病鸭，进行烧毁或深埋，彻底消毒场地和用具。对于人员、车辆、用具等应严格消毒，经上级畜牧兽医主管部门允许，使用特定血清型的禽流感灭活油乳剂疫苗。雏鸭于10~15日龄首免，40~45日龄二免，剂量为0.5毫升/只。种鸭可于开产前2周免疫，开产后3~6个月再免疫1次，剂量为1毫升/只。

二、鸭瘟

鸭瘟，俗称"大头瘟"，又名鸭病毒性肠炎，是由鸭瘟病毒引起的一种急性、热性、败血性传染病。各品种鸭都能感染发病，但以绍鸭、番鸭、绵鸭、麻鸭及其杂交鸭等易感染，而北京鸭、半番鸭和樱桃谷鸭等易感性比较差。不同日龄鸭均可感染发病，但舍饲或圈养为主的1月龄内的雏鸭发病较少。在鸭瘟流行时，成年鸭发病和死亡较为严重。本病的发病率和死亡率都很高，有时高达100%。本病一年四季均有发生，无明显的季节性。

【临床症状】 潜伏期一般为2～4天，病初体温急剧升高到43℃以上，这时病鸭表现为精神不佳，头颈缩起，食欲减少或停食，但想喝水，喜卧不愿走动。病鸭不愿游水，漂浮水面并挣扎回岸。流泪、眼周围羽毛沾湿（图1-19），甚至有脓性分泌物，将眼睑粘连。鼻腔也有分泌物。病鸭下痢，排绿色或灰白色稀便（图1-20）。部分病鸭头颈部肿大，俗称"大头瘟"（图1-21）。病后期体温下降，精神极度沉郁。一般病程为2～5天，慢性型病例可拖至1周以上，消瘦，生长发育不良，体重轻飘。

图1-19　缩颈、喜卧，流泪并
沾湿眼周围羽毛

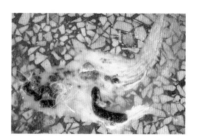

图1-20　下痢，排灰白色
黏性稀便

【剖检病变】 病鸭为败血症变化，体表皮肤有许多散在出血点、出血斑，眼睑往往黏合，结膜出血或有少许干酪样物覆盖。头颈肿胀的病例可见皮下有浅黄色胶样浸润。食道和泄殖腔病变具有特征性诊断意义：食道黏膜有纵行排列的灰黄色伪膜覆盖或小出血斑点（图1-22），伪膜剥离后为鲜红色，可见出血点和不规则形态的浅溃疡斑（图1-23、图1-24）；泄殖腔黏膜也被结痂覆盖，颜色为灰褐色或绿色，不易剥离，黏膜上有出血斑点和水肿（图1-25）。肝脏稍肿大，表面和切面有灰黄或灰白色坏死点，少数坏死点中间有小出血点（图1-26）；脾脏肿大、出血呈斑驳状（图1-27）；有的病例胰腺有出血点、坏死点或透明样液化坏死灶（图1-28）。有些病例腺胃和食道膨大部交界处（食道移行部）有一条黄色坏死带或出血带

（图1-29）；肌胃角质层下充血、出血，肠黏膜充血、出血，特别是空肠和回肠黏膜上出现环状出血带，这是鸭瘟的特征性病变（图1-30、图1-31）。气管有不同程度的出血（图1-32）。产蛋鸭卵泡变性、充血、出血（图1-33），有时卵泡破裂引起腹膜炎（图1-34）。

图1-21　精神沉郁、肿头、缩颈，
　　　　有的站立困难

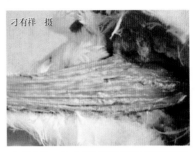

图1-22　食道黏膜纵行排列的
　　　　灰黄色伪膜

图1-23　食道黏膜出血

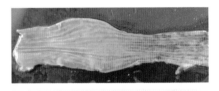

图1-24　食道黏膜出血，可见
　　　　大量坏死溃疡斑

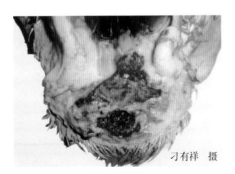

图1-25　泄殖腔黏膜出血、坏死

图1-26　肝脏肿大、出血
　　　　且有坏死点

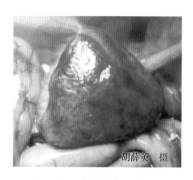

图 1-27　脾脏肿大呈斑驳状

图 1-28　胰腺出现透明样液化状坏死灶

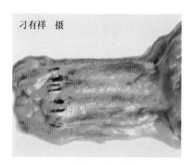

图 1-29　食道移行部的出血带

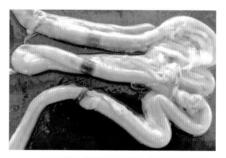

图 1-30　透过肠浆膜即可看到
　　　　　肿胀的环状出血带

图 1-31　空肠和回肠黏膜上出现
　　　　　肿胀的环状出血带

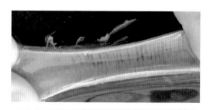

图 1-32　气管黏膜充血、出血

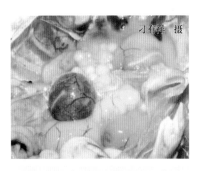
刁有祥 摄

图1-33 产蛋鸭卵泡变性、出血

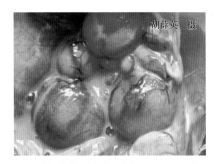
胡薛英 摄

图1-34 卵泡出血、破裂，
形成卵黄性腹膜炎

【类症鉴别】 诊断本病应与鸭流感、鸭霍乱、番鸭细小病毒病、鸭坏死性肠炎、鸭传染性窦炎、鸭衣原体病、鸭疫里默氏杆菌病、维生素A缺乏症和鸭疱疹病毒性出血症等相鉴别。

（1）与鸭流感的鉴别 详见"鸭流感的类症鉴别"第3条。

（2）与鸭霍乱的鉴别 鸭霍乱和鸭瘟二者均主要发生于成年鸭，但鸭霍乱可使各种家禽感染，多呈现零星发病和死亡，而鸭瘟主要使鸭只发病，其传染迅速，发病率和致死率都很高，鸭瘟有时也可感染鹅，其他家禽都不会感染；鸭瘟有流泪和部分病鸭头颈部肿大的现象，而鸭霍乱很少有此变化；鸭瘟食道黏膜有小出血点且常出现灰黄色伪膜覆盖或溃疡，泄殖腔黏膜充血、出血、水肿和坏死，而鸭霍乱则无此变化；鸭霍乱可用磺胺类药物或抗生素治疗，效果良好，而鸭瘟则无效。

（3）与番鸭细小病毒病的鉴别 番鸭细小病毒病主要发生于3周龄内的雏鸭，而鸭瘟在自然流行中以成年鸭和产蛋母鸭的发病率和死亡率较为严重，1月龄以下的雏鸭发病较少；番鸭细小病毒病临死前常出现脑神经症状，而鸭瘟发病后则表现两脚麻痹、卧地不起，后期体温下降、高度沉郁、不久死亡；鸭瘟食道黏膜和泄殖腔黏膜有出血和坏死溃疡的变化，而番鸭细小病毒病则无此现象；有的番鸭细小病毒病的肠道内可出现纤维素性干酪样渗出物，而鸭瘟则无此变化；番鸭细小病毒病的肝脏无特征性剖检变化，而鸭瘟的特征性变化是其肝脏不肿大，但肝表面和切面有大小不等的灰黄色或灰白色坏死点，少数坏死点中间有小出血点，或其外围有环状出血带。

（4）**与鸭坏死性肠炎的鉴别**　鸭坏死性肠炎的发病率和死亡率较低，而鸭瘟则都很高；鸭坏死性肠炎常排红褐色乃至黑色煤焦油样的粪便，而鸭瘟则排绿色或灰白色水样稀便；鸭坏死性肠炎的病变主要在小肠后段，尤其是空肠、回肠及部分盲肠壁扩张、增粗变脆，内含有大量血色液体，病后期肠内充满恶臭气体，黏膜增厚，表面覆有一层黄绿色或黄白色伪膜，母鸭输卵管内常有干酪样渗出物，而鸭瘟则主要表现在食道黏膜和泄殖腔黏膜有出血和坏死溃疡的变化；鸭坏死性肠炎使用头孢类和青霉素类药物，效果良好，而鸭瘟则无效。

（5）**与鸭传染性窦炎的鉴别**　鸭传染性窦炎一侧或两侧眶下窦呈现圆形或椭圆形肿大，初期较软后期变硬，常因局部不适而鸭爪蹬蹭使之脱毛露出皮肤，而鸭瘟无此现象，只表现肿头、流泪和眼睑水肿；鸭传染性窦炎可出现气囊浑浊，而鸭瘟则无此病理变化；鸭瘟可见食道和泄殖腔黏膜坏死，肠道淋巴滤泡环状出血，肝脏有不规则的坏死点和出血点，而鸭传染性窦炎则无此剖检变化；鸭传染性窦炎发生后使用替米考星、泰乐菌素、多西环素或克林霉素等药物，会有很好的疗效，而鸭瘟则无效。

（6）**与鸭衣原体病的鉴别**　鸭衣原体病与鸭瘟的临床症状很相似，但鸭衣原体病的发病率和死亡率均较低，而鸭瘟则很高；鸭瘟腹泻严重时可出现脱肛现象，而鸭衣原体病则很难达到这种程度；鸭衣原体病严重时可造成全眼球炎和眼球萎缩的现象，而鸭瘟则达不到这种程度；鸭衣原体病可见气囊浑浊、增厚，胸前、腹腔和心包内有浆液性或纤维素性渗出物，而鸭瘟则无此病理变化；鸭衣原体感染的病死鸭，如果将脾脏、肝脏、心包、心肌等组织压片后用姬姆萨染色，可见呈紫色的衣原体；鸭衣原体病用多西环素进行治疗，效果良好，而鸭瘟则无效。

（7）**与鸭疫里默氏杆菌病的鉴别**　鸭疫里默氏杆菌病主要发生于幼鸭，而鸭瘟多发于成年鸭；鸭疫里默氏杆菌病可见纤维素性心包炎、肝被膜炎、气囊炎、关节炎等，而鸭瘟则无此变化；鸭瘟有肠道淋巴滤泡出血，食道和泄殖腔黏膜出血、坏死和溃疡现象，而鸭疫里默氏杆菌病则无此变化；如果将病死鸭的肝脏、脑等组织涂片后用荧光抗体染色，可见鸭疫里默氏杆菌呈黄绿色的环状结构；鸭疫里默氏杆菌病如果使用环丙沙星、氟苯尼考或多西环素进行治疗，效果良好，而鸭瘟则无效。

（8）**与维生素 A 缺乏症的鉴别** 维生素 A 缺乏症和鸭瘟均可发生眼炎和食道黏膜坏死，但维生素 A 缺乏症发病缓慢、病程较长、发病率高但死亡率很低，而鸭瘟来势迅猛，其发病率和死亡率均很高；维生素 A 缺乏症的内脏常可见有尿酸盐沉积的痛风现象，而鸭瘟则无此病理变化。

（9）**与鸭疱疹病毒性出血症的鉴别** 鸭疱疹病毒性出血症主要发生于 10 ~ 55 日龄的鸭群且多为散发，35 日龄以前其发病率和死亡率均较高，而鸭瘟 1 月龄以下的雏鸭发病较少，成年鸭较为严重，一旦发病其致死率非常高，即发病率接近死亡率；鸭疱疹病毒性出血症的病鸭双翅羽毛管内出血呈紫黑色易脱落，体端末梢呈紫黑色，而鸭瘟无此现象；鸭疱疹病毒性出血症的特征性病变是全身组织器官出血或瘀血，而鸭瘟主要表现消化器官黏膜的出血、坏死和溃疡，特别是食道黏膜、泄殖腔黏膜和肠道淋巴滤泡的出血、坏死和溃疡。

【临床用药】

（1）**预防** 除了不从疫区引进鸭苗、加强饲养管理和消毒外，最重要的一点就是做好鸭瘟疫苗的免疫接种。对于肉用鸭，于 7 日龄左右首免，20 ~ 25 日龄二免。而种用鸭或蛋用鸭，于 7 ~ 10 日龄、20 ~ 25 日龄、开产前 2 周左右分别免疫后需每隔 5 ~ 6 个月再免。

（2）**治疗** 也采取抗体疗法，同时配合抗病毒、抗感染辅助疗法。

1）立即注射鸭瘟高免血清或卵黄抗体，每只颈背皮下注射 1 ~ 2 毫升，严重病例可于第 2 天或第 3 天再注射 1 次。也可用高免蛋按每天每只鸭 1 个蛋黄，拌入料中，连用 2 次。

2）早期肌内注射禽用基因干扰素，每只 0.01 毫升，每天 1 次，连用 2 天，有一定的疗效。

3）早期每只成年鸭肌内注射聚肌胞，每只 1 毫克，每 3 天 1 次，连用 2 ~ 3 次，有一定的疗效。

4）每只成年鸭肌内注射青霉素 15 万国际单位、链霉素 10 万国际单位、病毒唑（利巴韦林）3.5 毫升，每天 1 次，连用 3 天。

5）每只成年鸭按板蓝根注射液 1 ~ 4 毫升、维生素 C 注射液 1 ~ 3 毫升、地塞米松 1~2 毫升，一次肌内注射，每天 2 次，连用 3~5 天。

6）每只成年鸭按利巴韦林 2~4 毫升、维生素 C 注射液 1~3 毫升、阿米卡星 0.5 毫升，一次肌内注射，每天 2 次，连用 3~5 天。

7）胆草、木香各 15 克，黄连、黄檗、橘皮、茵陈、大黄各 10 克，枳壳 6 克，甘草 5 克。方法：木香磨汁或浸泡 1 天，其他药煮沸 10 分钟去渣，收取药液浸泡大米，此用量可喂 50 只病鸭。

8）用土鳖虫喂病鸭，每次用蚕豆大小的土鳖虫量，每天 3 次，连用 3 天。

9）紫花地丁、大蒜、大血藤、香附子、萱草根各 30 克，陈皮、枇杷叶各 15 克，车前草 10 克。煎成 200 毫升药水，每只每次 1 毫升，每天 3 次。

10）川芎 15 克、滑石 20 克、银花 10 克、千里光 10 克、连翘 10 克、艾叶 10 克、郁金 12 克、花椒 8 克、肉桂 20 克、党参 15 克、蜈蚣 3 条、干姜 30 克、生姜 15 克、神曲 12 克、桂枝 15 克。此药剂水煎半小时后，倒至 10 千克大米中再混煎 5~10 分钟，去除药渣，取白酒 250 毫升拌入混匀，此量喂鸭 100 只，分 2 次内服，一般服药 1~2 剂（治疗 2~4 次）即愈。

三、鸭副黏病毒病

鸭副黏病毒病是由禽 I 型副黏病毒所引起的禽类疾病，其严重程度有很大差异，不同的分离株感染禽类后其临床表现、危害程度等随宿主种类、日龄大小、免疫状况及感染毒株的毒力不同而存在差异。鸭等水禽已成为禽 I 型副黏病毒自然感染发病、死亡的易感禽类。

【临床症状】 病初病鸭食欲减少，羽毛松乱，饮水增加，随后出现绿色水样稀粪，个别带暗红色。病鸭精神不振，两腿无力，孤立一旁。部分鸭只眼睛流泪，鼻涕较多，有甩头、咳嗽等症状。有的病例在病的后期还表现点头、摇头、扭头、转圈或歪脖等神经症状。个别病鸭脚关节出现红肿，后期常常造成瘫痪。有的病鸭在 12 小时后出现全身衰竭而死亡。病程一般 2~6 天。

【剖检病变】 剖检病死雏鸭，可见心肌变性，心冠脂肪有出血点（图 1-35），心内膜出血（图 1-36、图 1-37）；鸭口腔黏液较多，喉头出血，食道黏膜有芝麻粒大小灰白色或浅黄色结痂，易剥离；肝脏肿大呈土黄色或瘀血，或有出血点及白色坏死点（图1-38、图1-39）；胆囊扩张，胆汁呈墨绿色；脾脏表面和切面都有灰白色或浅黄色粟粒大小的坏死灶（图1-40）；胰腺潮红、出血（图1-41），或有少量灰白色坏死点；腺胃乳头出血（图1-42），腺胃与肌胃交界处出血（图1-43），肌胃角质层下出血（图1-44）；整个肠道呈卡他性炎症，十二指肠、空肠、回肠黏膜树枝状出血（图1-45、图1-46），其黏膜淋巴滤泡出血（图1-47），有的可见不同形状、不同大小的溃疡灶和纤维素性坏死（图1-48）；肾脏偶见轻微出血；产蛋鸭卵泡变性、充血、出血（图1-49、图1-50）。

图1-35　心肌变性，
心冠脂肪出血

图1-36　心肌变性色浅，
心内膜出血

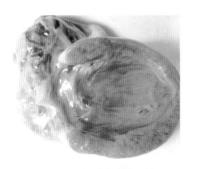

图1-37　心内膜出血

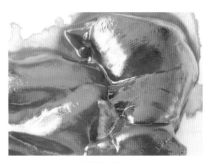

图1-38　肝脏肿大呈轻度土黄色，
且有白色坏死点

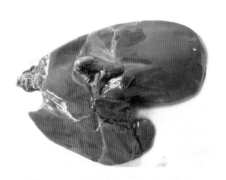

图 1-39　肝脏肿大，瘀血、出血

图 1-40　脾脏肿大、出血，
　　　　　有粟粒大小的坏死灶

图 1-41　胰腺潮红、出血

图 1-42　腺胃黏膜轻度脱落，
　　　　　乳头出血

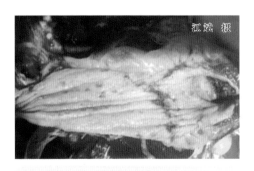

图 1-43　腺胃与肌胃交界处出血

图 1-44　肌胃角质层下出血

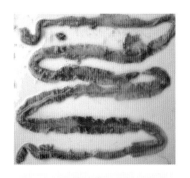

图 1-45　肠道黏膜呈现树枝状出血

图 1-46　肠道黏膜弥漫性树枝状出血

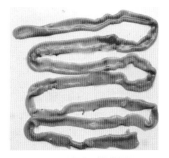

图 1-47　肠道黏膜潮红，
淋巴滤泡轻度出血

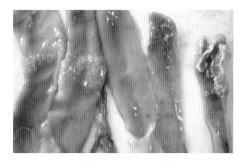

图 1-48　肠黏膜有溃疡灶及纤维素性坏死

图 1-49　卵泡严重出血，肾脏轻度出血

图 1-50　卵泡严重变性、充血、出血

【类症鉴别】 诊断本病应与鸭流感、鸭瘟、番鸭细小病毒病、雏番鸭的鹅细小病毒感染和鸭病毒性肝炎等相鉴别。

（1）**与鸭流感的鉴别** 详见"鸭流感的类症鉴别"第4条。

（2）**与鸭瘟的鉴别** 鸭瘟主要发生于成年鸭，而鸭副黏病毒病主要发生于10~70日龄的幼鸭；鸭瘟流行性强，发病率和死亡率较高，病程短，而鸭副黏病毒病的发生率低，发病率和死亡率也偏低，病程较长；鸭副黏病毒病胰腺被膜和气管环可见明显出血，而鸭瘟则表现轻微出血；鸭瘟肠道淋巴滤泡肿胀、出血，而鸭副黏病毒病的肠道淋巴滤泡则呈现出血、坏死现象；鸭瘟泄殖腔有出血、坏死和溃疡，而鸭副黏病毒病的泄殖腔主要表现为明显出血。

（3）**与番鸭细小病毒病的鉴别** 番鸭细小病毒病主要发生于3周内的雏鸭，而鸭副黏病毒病主发于10~70日龄的幼鸭，但在2周龄内很少发生；番鸭细小病毒病只侵害雏番鸭，而鸭副黏病毒病可侵害各品种的鸭只；番鸭细小病毒病肠道内有时可见纤维素性干酪样物，而鸭副黏病毒病则无此变化；番鸭细小病毒病胰腺表面有大量的白色坏死点，而鸭副黏病毒病胰腺的变化主要是出血；鸭副黏病毒病常见腺胃黏膜脱落和腺胃乳头轻微出血，而番鸭细小病毒病则无此变化；番鸭细小病毒无血凝性，而鸭副黏病毒具有血凝特性。

（4）**与雏番鸭的鹅细小病毒感染的鉴别** 雏番鸭的鹅细小病毒感染主要发生于20日龄以内的雏番鸭和雏鹅，其死亡率高达95%，而鸭副黏病毒病主要发生于10~70日龄的幼鸭，但在2周龄内很少发生，发病后的死亡率一般在8%~25%之间；雏番鸭的鹅细小病毒感染如果发生在1周龄内雏番鸭，则在临死前出现头颈扭转或抽搐等神经症状，而鸭副黏病毒病也可出现脑神经症状，但1周龄内的雏鸭不会发病；雏番鸭的鹅细小病毒感染主要排出灰白色或黄白色且夹杂大量气泡和未消化的饲料及纤维素性灰白色絮片的稀粪，而鸭副黏病毒病主要排出绿色或黄绿色的稀便；亚急性雏番鸭的鹅细小病毒感染（20~30日龄）的肠道内常见有凝固性栓子，形如"腊肠状"，而鸭副黏病毒病则无此现象；鸭副黏病毒病可见胰腺和气管环出血，而雏番鸭的鹅细小病毒感染只有很轻微的出血。

（5）**与鸭病毒性肝炎的鉴别** 鸭病毒性肝炎多见于20日龄内的雏鸭，发病急，传播快，病程短，多出现典型的神经症状，而鸭副黏病毒病主要发生于 10 ~ 70 日龄的幼鸭且 2 周龄内很少发生，其发病较缓，病程较长，个别出现神经症状；鸭病毒性肝炎剖检时常见肝脏表面有明显的出血点或出血斑，有时可见条状或刷状出血带，而鸭副黏病毒病的肝脏偶尔可见有出血点及坏死点；鸭副黏病毒病腺胃黏膜脱落和腺胃乳头轻微出血，腺胃与肌胃交界处有出血斑，而鸭病毒性肝炎则无此变化。

【临床用药】

（1）加强隔离和消毒 隔离病鸭，并对场地严格消毒，使用含氯消毒剂或双链季铵盐-碘（鼎碘）按照 1∶800 比例进行消毒，每天 1 次，连用 5 天。发生副黏病毒病时，易并发大肠杆菌病，应加强对大肠杆菌病的预防和治疗。

（2）治疗 宜采用抗体疗法，同时配合抗病毒、抗感染等辅助疗法。

1）立即注射新城疫高免卵黄液，每只 1 毫升，严重病例可加倍。若在卵黄液中加入利高霉素和病毒唑，效果会更好。

2）将病毒唑 10 克和阿米卡星 10 克混合，拌入 40 千克饲料中饲喂。

3）中草药防治。生地 40 克、生石膏 200 克、水牛角 40 克、栀子 20 克、连翘 20 克、黄芩 20 克、知母 20 克、丹皮 15 克、赤芍 15 克、玄参 20 克、甘草 15 克、淡竹叶 15 克、桔梗 15 克、大青叶 100 克，以上为 200 只雏鸭剂量，煎水饮服，每天 1 剂，连用 3 天。

四、鸭呼肠孤病毒病

鸭呼肠孤病毒病是雏番鸭、半番鸭和樱桃谷肉鸭的一种急性高度致死性传染病，俗称鸭"花肝病"。本病多发生于 7 ~ 35 日龄，以 10 ~ 25 日龄的雏番鸭最易感，发病率为 60% ~ 90%，病死率为 50% ~ 80%。日龄越小发病率和病死率越高。在饲养雏番鸭的地区均有本病的发生，本病可经水平传播，也可经垂直传播，但其发生无明显的季节性。

【临床症状】 本病的潜伏期为 1 ~ 4 天，发病急，病程进展快，主要临床症状为病鸭精神沉郁、软脚、厌食、挤推、下痢，粪便呈绿色或白色，迅速脱水，消瘦，衰竭死亡；部分病鸭趾关节或跗关节有不同程度的肿胀，耐过鸭生长发育受阻。

【剖检病变】 病死鸭最特征的剖检病变为肝脏和脾脏表面密布坏死点。肝脏肿大、质脆、呈浅褐红色，其表面和实质可见有弥漫性、大小不一（0.5~1.0毫米）或针尖大小的灰白色坏死点（图1-51、图1-52）；脾脏肿大呈暗红色，其表面和实质中有大小不一（2.0~3.0毫米）或连成一片的灰白色坏死灶，使脾脏呈"花斑状"（图1-53、图1-54）；此外，胰腺、肾脏和肠壁上有时也可见到数量不等的白色坏死点。心脏内膜出血如图1-55所示。病程略长的病例可见心包炎，表现为心外膜增厚，与胸膜粘连及心包积液。病程1周龄以上的病鸭常见跗关节肿大、发热，切开可见肌腱水肿及关节液增多或干酪样渗出物。组织学变化：肝脏和脾脏呈现局灶性凝固性坏死，脾脏于后期可见数个大的坏死灶且有肉芽肿形成；法氏囊于早期淋巴滤泡坏死而网状细胞增生，固有层淋巴滤泡数量明显减少并逐渐出现大量空洞。

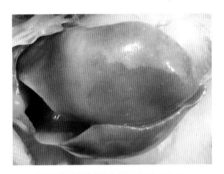

图1-51　肝脏肿大并有大量灰白色坏死点

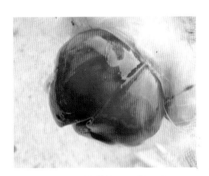

图1-52　肝脏肿大、出血，有针尖大小灰白色坏死点

图1-53　脾脏肿大、坏死

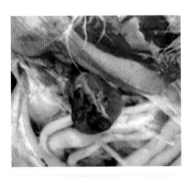

图1-54　脾脏肿大、出血、坏死

【类症鉴别】 诊断本病应与鸭流感、鸭疱疹病毒性坏死性肝炎、鸭霍乱、鸭沙门菌病、鸭疫里默氏杆菌病、鸭病毒性肝炎、鸭黄曲霉毒素中毒、鸭坦布苏病毒病、鸭丹毒和番鸭细小病毒病等相鉴别。

（1）与鸭流感的鉴别 详见"鸭流感的类症鉴别第1条"。

（2）与鸭疱疹病毒性坏死性肝炎的鉴别 鸭疱疹病毒性坏死性肝炎一年四季均可发生，多发生于8～90日龄，而鸭呼肠孤病毒病多发生于夏季，主要发生于10～25日

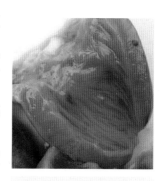

图1-55 心脏内膜出血

龄；鸭疱疹病毒性坏死性肝炎可感染成年麻鸭，造成产蛋量下降，但其发病率和死亡率均低，而鸭呼肠孤病毒病主要发生于雏鸭且发病率和病死率均较高；鸭呼肠孤病毒病部分病雏的趾关节或跗关节出现不同程度的肿胀，而鸭疱疹病毒性坏死性肝炎则无此症状；鸭疱疹病毒性坏死性肝炎肠管（主要是十二指肠和直肠）上可见有出血点或出血环，而鸭呼肠孤病毒病则无此变化；鸭疱疹病毒性坏死性肝炎不但在肝脏、脾脏和胰脏上可见到大量灰白色坏死灶，也可在肾脏和肠浆膜表面上看到灰白色坏死灶，而鸭呼肠孤病毒病主要在肝脏、脾脏和胰脏上见到白色坏死灶。

（3）与鸭霍乱的鉴别 鸭霍乱对青年鸭和成年鸭易感，较少发生于雏鸭，而鸭呼肠孤病毒病则是雏鸭易感，且发病率和病死率较高；鸭霍乱心冠脂肪有出血斑，十二指肠黏膜严重出血，而鸭呼肠孤病毒病此处的变化较轻；鸭呼肠孤病毒病除肝脏肿大、有灰白色针尖大小的坏死灶外，其脾脏、胰腺、肾脏及肠浆膜上也可见到灰白色坏死点，而鸭霍乱除肝脏有坏死灶外，其他脏器则无此变化；用肝脏涂片、瑞氏染色、镜检，如果看到有许多两极着色的卵圆形小杆菌则为鸭霍乱；用肝脏和心包液接种于鲜血培养基能分离到巴氏杆菌，而鸭呼肠孤病毒病均为阴性。

（4）与鸭沙门菌病的鉴别 鸭沙门菌病不分年龄、品种和季节均可发生，而鸭呼肠孤病毒病主要发生于10～25日龄的雏鸭，且多发生于夏季；鸭沙门菌病部分病死鸭肝脏呈古铜色，有时可见坏死灶，而鸭呼肠孤病毒病的肝脏多呈浅红褐色，且出现弥漫性灰白色坏死点；鸭沙门氏菌病

肠黏膜呈糠麸样坏死，而鸭呼肠孤病毒病则无此现象；鸭呼肠孤病毒病的脾脏、胰腺、肾脏上常有灰白色坏死点，而鸭沙门菌病则无此变化；用病死鸭肝脏接种麦康凯培养基平板，如果是鸭沙门菌病则能长出白色菌落，而鸭呼肠孤病毒病则无细菌生长；鸭沙门菌病使用磺胺类和喹诺酮类药物治疗能获得良好的效果，但对鸭呼肠孤病毒病则无效。

（5）**与鸭疫里默氏杆菌病的鉴别**　鸭疫里默氏杆菌病主要发生于1～8周龄的各品种鸭只，一年四季均可发生，而鸭呼肠孤病毒病主要发生于10～25日龄的雏番鸭、雏半番鸭和樱桃谷肉鸭，并且多发于夏季；鸭疫里默氏杆菌病可造成心包炎、气囊炎、肝被膜炎、腹膜炎、脑膜炎和关节炎，而鸭呼肠孤病毒病仅病程较长的部分病例可见到有不同程度的心包炎；鸭疫里默氏杆菌病早期使用针对性的抗菌药物效果良好，而鸭呼肠孤病毒病使用抗菌药物无效。

（6）**与鸭病毒性肝炎的鉴别**　鸭病毒性肝炎多发生于3～45日龄，特别是3～17日龄最严重，一年四季均可发生，而鸭呼肠孤病毒病主要发生于10～25日龄的雏鸭，且多发生于夏季；鸭病毒性肝炎表现明显的神经症状，如运动失调，侧卧或仰卧，两脚痉挛性踢蹬，全身抽搐，死前角弓反张俗称"背脖病"，而鸭呼肠孤病毒病只是表现两脚发软，部分病雏的趾关节或跗关节出现不同程度的肿胀；鸭病毒性肝炎剖检时可见肝脏肿大、质脆易碎，有出血点或出血斑，10日龄以内肝脏呈土黄色或红黄色，10～30日龄肝脏呈灰红色或黄红色，脾脏肿大呈斑驳状，而鸭呼肠孤病毒病肝脏多呈浅红褐色，且有弥漫性灰白色坏死点，脾脏肿大、坏死，特别是樱桃谷肉鸭感染后脾脏的坏死更明显，故俗称"脾坏死症"。

（7）**与鸭黄曲霉毒素中毒的鉴别**　鸭黄曲霉毒素中毒不分年龄和品种，但雏鸭中毒后死亡率特别高，成年鸭主要表现腹泻、消瘦、衰竭，产蛋率和孵化率降低，而鸭呼肠孤病毒病主要感染10～25日龄的番鸭和樱桃谷鸭，一般不侵害成年鸭；鸭黄曲霉毒素中毒时，腿和蹼皮下出血呈紫红色，有的病鸭（主要是育成鸭和成年鸭）可出现"企鹅状"行走，而鸭呼肠孤病毒病则无此现象；鸭黄曲霉毒素急性中毒时肝脏肿大、色浅而苍白且有出血斑，慢性中毒时肝脏颜色呈浅黄褐色、质地变硬且脆，脾脏萎缩、变性，而鸭呼肠孤病毒病肝脏肿大、质脆、呈浅红褐色，其表面和实质呈现有弥漫性、大小不一或呈针尖大小、灰白色的坏死点，脾脏肿大呈暗红色且其表面或实质中有大量大小不一或连成片的灰白色坏死灶；也可通过对饲料或病死鸭的肝脏做黄曲霉毒素含量检测，看是否有无超标来对这两种疾病进行鉴别诊断。

（8）**与鸭坦布苏病毒病的鉴别** 鸭坦布苏病毒病不但易发生于 10～25 日龄的肉鸭，也易发生于产蛋鸭群，一年四季均可发生，但以秋、冬季节严重，而鸭呼肠孤病毒病主要感染 10～25 日龄的番鸭和樱桃谷鸭，一般不侵害成年蛋鸭，无明显季节性，但夏季往往多发；鸭坦布苏病毒病的雏鸭表现病毒性脑炎症状，如瘫痪，站立不稳、行走呈八字脚，容易翻滚、腹部朝上呈游泳状挣扎，产蛋鸭精神尚可却以产蛋下降为特征，而鸭呼肠孤病毒病只侵害雏鸭，表现两脚发软，不会出现病毒性脑炎的症状；鸭坦布苏病毒病的雏鸭脑充血、出血、水肿，心包积液，肝脾肿大，肝脏呈土黄色，而鸭呼肠孤病毒病的脑组织也有出血和水肿现象，但肝脏多呈浅红褐色，且有弥漫性灰白色坏死点，脾脏肿大和坏死。

（9）**与鸭丹毒的鉴别** 鸭丹毒无明显季节性，发病较少，多为散发，其发病率和死亡率一般在 20%～30%，临床表现全身虚弱，下痢，呼吸急促，而鸭呼肠孤病毒病虽无明显季节性，但夏季往往多发，其发病率和死亡率一般在 10%～60%，严重者可高达 90%，也有下痢和虚弱现象，但无呼吸道变化；鸭丹毒全身羽毛拔光后可见皮肤表面有许多大小不等、形态不一的出血斑或广泛性的红斑，病死鸭可从口、鼻内流出暗黑色血液液体，而鸭呼肠孤病毒病则无此现象；鸭丹毒肝脏肿大、发黄，有时可见针尖大小的黄色病灶，脾脏肿大、质软呈黑色，而鸭呼肠孤病毒病肝脏多呈浅红褐色，且有弥漫性灰白色坏死点，脾脏肿大且有明显坏死病灶。

（10）**与番鸭细小病毒病的鉴别** 番鸭细小病毒病主要发生于 3 周龄内的雏番鸭，无明显季节性，但冬、春季节多发，发病率和死亡率在 3 周龄内较高，日龄越小则越高，20 日龄后零星发病和死亡，而鸭呼肠孤病毒病主要感染 10～25 日龄的番鸭和樱桃谷鸭，多发生于夏季，其发病率和死亡率一般在 10%～60%；番鸭细小病毒病于 6 日龄内可突然倒地死亡，临死前两腿乱划，头颈向一侧扭曲或两腿麻痹、倒地、衰竭死亡，7～14 日龄可见精神委顿，两翅下垂，无力，呆立，气喘，2 周龄以上的病雏鸭表现沉郁、无力、拉稀，病愈的鸭只颈部和尾部脱毛，嘴变短成为僵鸭，而鸭呼肠孤病毒病没有上述明显的神经症状，主要表现怕冷挤堆，腹泻，排出白色或浅绿色带有黏液的稀粪，脱水，两脚发软等；番鸭细小病毒病空肠中、后段膨大，多含有一小段松软的黄绿色黏稠渗出物，心脏圆而松弛，胰腺肿大，表面有针尖大小的白色坏死点，而鸭呼肠孤病毒病无上述变化，其主要可见肝脏肿大且有针尖至米粒大小散在的灰白色坏死灶，脾脏肿大、出血且有明显坏死灶。

【临床用药】

(1) 预防 疫苗免疫接种。应用雏番鸭"花肝病"弱毒疫苗，在出壳后 1 天内注射，免疫保护率可达 90% 以上。

(2) 治疗 对于本病的控制，目前尚未有理想的特效药，但采用下列措施可减少发病死亡：

1）发生本病时，应尽快注射"花肝病"高免卵黄抗体，并配合使用抗病毒药和抗菌药物以防继发感染。

2）金刚烷胺和环丙沙星配合使用，在 20 ~ 40 千克水中加入金刚烷胺和环丙沙星各 1 克，连用 2 ~ 3 天。

3）阿奇霉素或多西环素用于饮水，每 400 千克水中加入 100 克；用于拌料，每 200 千克料加入 100 克。

4）复方乙酰甲喹（鸭疫先锋，含乙酰甲喹、甲氧苄啶、增效剂、收敛剂），用于拌料，每 100 克加料 100 千克，连用 3 ~ 5 天。

五、鸭冠状病毒性肠炎

鸭冠状病毒性肠炎俗称"烂嘴壳病"，是由冠状病毒属的鸭肠炎病毒引起的以剧烈腹泻为特征的急性传染病。本病是近年发现的一种新的传染病。20 日龄前后的鸭发病率最高，甚至凶猛暴发流行。开始少数发病，1 ~ 2 天后出现死亡高峰。发病率和死亡率几乎 100%。

【临床症状】 发病急，病雏缩头弓背，畏寒，眼半闭。开始排稀粪，进而腹泻，粪呈白色或黄绿色。喙壳由黄变紫，喙上皮脱落破溃。眼有黏液性分泌物，有的表现神经症状，两腿后蹬、直伸，头向后弯曲，呈观星状，稍加驱赶可促进死亡。

【剖检病变】 病鸭咽喉黏膜呈卡他性炎症，黏膜易脱落，整个肠管充血、水肿。尤以十二指肠为严重，十二指肠及肠系膜出血，外观呈紫红色，内有血性黏液，黏膜脱落，并形成溃疡。盲肠盲端黏膜有白色附着物。

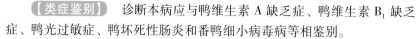

【类症鉴别】　诊断本病应与鸭维生素 A 缺乏症、鸭维生素 B$_1$ 缺乏症、鸭光过敏症、鸭坏死性肠炎和番鸭细小病毒病等相鉴别。

（1）与鸭维生素 A 缺乏症的鉴别　鸭维生素 A 缺乏症在雏鸭主要表现食欲减退，生长发育不良，流鼻液，流眼泪甚至角膜穿孔，两腿变软或瘫痪，喙部和腿部黄色褪去变浅，而鸭冠状病毒性肠炎发病率和死亡率高，发病急、病程短、弓背、畏寒扎堆、流泪、腹泻，有的出现神经症状甚至角弓反张，喙壳由黄变紫，喙上皮脱落破溃；鸭维生素 A 缺乏症可引起成年蛋鸭产蛋量下降，蛋黄颜色变浅，孵化率降低，死胚增加，弱雏较多，公鸭性功能减退，而鸭冠状病毒性肠炎主要侵害雏鸭，特别是 20 日龄左右的鸭只，一般不会侵害成年鸭；鸭维生素 A 缺乏症剖检可见鼻腔、咽、食道黏膜表面有一种白色小结节，随病程发展便融合为一层黄白色的伪膜覆盖于黏膜表面，剥离后不出血，黏膜变薄且光滑呈苍白色，而鸭冠状病毒性肠炎仅见咽喉部黏膜潮红、轻度糜烂；鸭冠状病毒性肠炎可造成肠管充血和水肿，肠腔内有血性黏液甚至黏膜脱落并溃疡，而鸭维生素 A 缺乏症则无此病变。

（2）与鸭维生素 B$_1$ 缺乏症的鉴别　鸭维生素 B$_1$ 缺乏症也可出现神经症状如观星症，两脚无力及腹泻，但鸭维生素 B$_1$ 缺乏症发病较缓，死亡率低，多数以发育迟缓和食欲下降为主，而鸭冠状病毒性肠炎却发病急、死亡快且发病率高；鸭维生素 B$_1$ 缺乏症也可出现肠道黏膜炎症甚至溃疡，但鸭冠状病毒性肠炎的肠道黏膜病变要严重，其黏膜有出血性炎症，肠管呈紫红色，黏膜脱落，并形成溃疡，内含血性黏液。

（3）与鸭光过敏症的鉴别　鸭光过敏症有阳光连续直射的原因，发病率很高，但死亡率很低，而鸭冠状病毒性肠炎的发生，无论在室外太阳照射，还是在室内饲养，均可急性发病，并且发病率和死亡率均很高；鸭光过敏症也出现喙变色、起水疱、溃疡、结痂等糜烂的现象，鸭蹼也有此变化，并且喙明显变形，而鸭冠状病毒性肠炎仅出现喙糜烂但不变形，鸭蹼也无变化。

（4）与鸭坏死性肠炎的鉴别　鸭坏死性肠炎主要发生于地面饲养的育成鸭和成年鸭，其发病率和死亡率均不高，而鸭冠状病毒性肠炎主要发生于雏鸭，其发病率和死亡率均很高；鸭坏死性肠炎和鸭冠状病毒性肠炎均可出现肠黏膜坏死，其肠腔内有血样物质，但鸭坏死性肠炎可见肠管扩张，肠壁呈苍白色，易破裂，病变主要在空肠和回肠处，而鸭冠状病毒性肠炎肠管呈紫红色，病变主要在十二指肠处；鸭坏死性肠炎是由革兰阳性厌氧菌即魏氏梭菌引起的，而鸭冠状病毒性肠炎是由冠状病毒属的鸭肠炎病毒引起的，所以，鸭坏死性肠炎使用克林霉素、增效磺胺、多西环素或阿莫西林等药物均有良好疗效，而鸭冠状病毒性肠炎则使用上述抗菌药物无效。

（5）与番鸭细小病毒病的鉴别 番鸭细小病毒病也有腹泻、运动失调和出现神经症状的现象，并且也发生于 20 日龄左右的雏鸭，但是，番鸭细小病毒病比鸭冠状病毒性肠炎的发病日龄更小，其死亡率很低；番鸭细小病毒病外观空肠和回肠交界处附近或回肠前段的肠管常见有 1~2 处膨大部，将其剖开后可见灰白色或黄白色呈干酪样的栓子，而鸭冠状病毒性肠炎则无此现象。

【临床用药】 目前对本病尚无特效治疗药物，可试用抗病毒中药加抗菌药物联合控制本病与继发感染，可降低死亡率，减少经济损失。可在种鸭产蛋前建立主动免疫，使雏鸭出壳时即具有母源抗体，到 10 日龄时再给予高免抗体，对预防本病有明显效果。

六、鸭传染性法氏囊病

鸭传染性法氏囊病又称腔上囊炎、传染性囊病，是由病毒引起的一种急性高度接触性传染病。其发病率高，短期内出现死亡。鸭只由于发生了本病而造成免疫抑制，故常诱发其他疾病。病理变化以法氏囊肿大、出血、腿肌出血及肾脏受损害为特征。迄今为止，国内已报道多起鸭发生本病的实例，也见有大规模发病和流行的报道，但进行深入研究的还不多，应引起重视。

【临床症状】 病鸭主要表现发病急、潜伏期短，一般多在出现症状后 1 天内死亡。鸭群一有病鸭出现，2~3 天内为死亡高峰。病初表现食欲减少或废绝。精神沉郁，羽毛松乱，怕冷打堆，眼半闭，翅膀下垂，不愿走动。随着病情的发展，病鸭多数卧地不起，嗜睡。部分病鸭出现全身性抽搐，身体侧卧，头向后仰，两脚痉挛性地向后踢蹬，有时在地上转圈。病鸭下痢，排出白色水样稀粪，并含有大量白色尿酸盐，肛门周围羽毛被粪便沾污，1~2 天后排出绿色或黄色水样稀粪。严重脱水，眼窝下

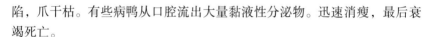

陷，爪干枯。有些病鸭从口腔流出大量黏液性分泌物。迅速消瘦，最后衰竭死亡。

【剖检病变】 病鸭法氏囊均有不同程度的病变，肿大2～3倍，外观呈暗紫色，并有胶样浸润。腔内有果酱样渗出物，或见有干酪样的核状物，法氏囊黏膜有点状或条纹状出血。腿肌及胸肌多处有出血斑点或条状出血。腺胃与肌胃交界处有出血带，腺胃乳头肿胀，肠黏膜有出血斑点。盲肠扁桃体出血。心冠脂肪出血。肾脏肿大苍白，输尿管内有白色尿酸盐沉积。

【类症鉴别】 诊断本病应与鸭流感和鸭沙门菌病等相鉴别。

（1）与鸭流感的鉴别 鸭流感无年龄之分，主要排黄白色稀粪，内含块状墨绿色便，而鸭传染性法氏囊病多发生于7～35日龄的雏鸭，主要排白色似"牛奶状"的稀便；鸭流感可见流泪、气喘、流鼻液，并有部分病鸭出现脑神经症状，而鸭传染性法氏囊病无这些症状；鸭流感剖检可见腺胃乳头出血，肠道黏膜点片状或树枝状出血，特别是肠道淋巴滤泡有明显出血，而鸭传染性法氏囊病可见腺胃与肌胃交界处出血，肠道黏膜轻度出血，淋巴滤泡无明显变化；鸭传染性法氏囊病的法氏囊肿大而硬，其黏膜出血有时可见红色分泌物，出血严重时呈"紫葡萄状"，而鸭流感仅见法氏囊潮红而软；鸭传染性法氏囊病骨骼肌有条纹状或毛刷状出血，而鸭流感无此现象。

（2）与鸭沙门菌病的鉴别 鸭沙门菌病，目前由于人们非常重视对本病的预防工作，所以本病的发病率和死亡率均较低，而鸭传染性法氏囊病却发病急，病程短，发病率和死亡率均较高；鸭沙门菌病肝脏肿大，常呈现青铜色并有坏死灶，而鸭传染性法氏囊病的肝脏也肿大，但多呈浅黄色且无坏死灶；鸭沙门菌病的法氏囊无明显变化，而鸭传染性法氏囊病的法氏囊却表现硬肿和出血；鸭沙门菌病使用阿莫西林、头孢噻肟等抗菌药物治疗，效果良好，而鸭传染性法氏囊病则无效。

【临床用药】

1）加强饲养管理，降低密度，减少应激。鸭舍、喂具、环境进行严格消毒。

2）对病鸭肌内注射抗鸡法氏囊高免血清或高免蛋黄液，每只1～2毫升，每天1次，连用2天。

3）丁胺卡那霉素（阿米卡星），每只鸭用3000国际单位/次，肌内注射，每天 1 次，连用 3 天，以防止继发细菌感染。

4）在饲料中降低蛋白质含量（如雏鸭料改为中鸭料）1 周，在饲料中加大倍量多种维生素，特别是补充维生素 A 和维生素 C，加喂微生态制剂。

5）在饮水中加入肾肿解毒药，连用 3~5 天。

6）在本病常发地区，鸭只可用鸡法氏囊弱毒冻干苗进行预防。

七、鸭大肠杆菌病

鸭大肠杆菌病是指由致病性大肠杆菌引起的急性或慢性疾病的总称，临床上有大肠杆菌性败血症、腹膜炎、呼吸道感染、生殖道感染、蜂窝织炎、脐炎等病型。大肠杆菌在自然界分布极广，凡是有哺乳动物和禽类活动的环境，其空气、水源和土壤中都有大肠杆菌的存在，各日龄的鸭都易感染。

【临床症状】 本病临诊上有多种病型，其中以雏鸭或鸭的败血症和产蛋母鸭的卵黄性腹膜炎（蛋子瘟）的危害最为严重，本病的临床表现主要为下痢，拉黄白色（图 1-56）或灰黑色稀便（图 1-57），非常恶臭，带有白色黏液或混有血丝、血块和气泡（一般为青绿色或灰白色），肛门周围污秽。病雏精神沉郁，食欲减退或废绝（图 1-58），渴欲增加，呼吸困难，部分出现神经症状，如共济失调、头颈震颤、摇头和昏迷等。母鸭的卵黄性腹膜

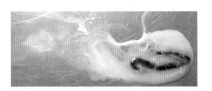

图 1-56　下痢，排黄白色稀便

炎主要发生在开产前的母鸭或正在产蛋的母鸭，母鸭腹部膨大，拉白色带有蛋白碎片的粪便。公鸭阴茎肿大且部分外露。

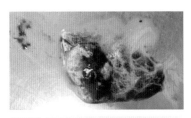

图 1-57　下痢，排出灰黑色的恶臭稀便

图 1-58　病鸭精神沉郁，喜卧，不食

【剖检病变】 卵黄囊感染时可见腹部膨胀、卵黄吸收不良及肝脏肿大等。大肠杆菌性败血症的特征性病变是心包炎、肝周炎和气囊炎。心包粘连，心包内充满浅黄色纤维素性渗出物（图1-59～图1-62），雏鸭急性败血型大肠杆菌感染时，仅见心内、外膜出血（图1-63）；肝脏肿大，表面有一层乳黄色或浅黄色乃至黄色的纤维素性膜（图1-64～图1-66），雏鸭急性败血型大肠杆菌感染时，可见肝脏瘀血、出血（图1-67）；气囊壁增厚、浑浊，表面有干酪样渗出物（图1-68）。肺型大肠杆菌病可见肺脏充血、瘀血、出血、水肿（图1-69～图1-71）。大肠杆菌性腹膜炎可见腹腔有蛋黄样液体和干酪样渗出物；脾脏肿大（图1-72、图1-73），有时可见表面出现纤维素性渗出物。生殖道感染可见卵泡瘀血、出血、畸形、破裂等，有的腹腔内积液；输卵管黏膜充血、出血，可出现胶冻样或干酪样渗出物。

图1-59 心包内充满黄白色
纤维素性渗出物

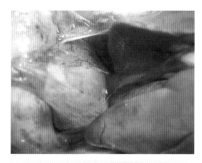

图1-60 心包内充满浅黄色
纤维素性渗出物

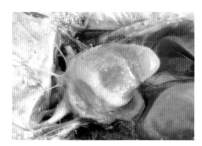

图1-61 心外膜附有纤维素性渗出
物呈现"绒毛心"

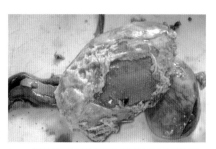

图1-62 心包腔内出现大量
纤维素性渗出物

图 1-63　急性败血型，可见心内、外膜出血

图 1-64　肝脏肿大，被膜上有厚薄不一的黄白色纤维素性渗出物

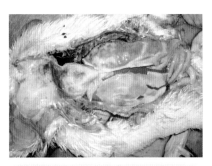

图 1-65　肝脏和心脏上有厚薄不一的纤维素性渗出物

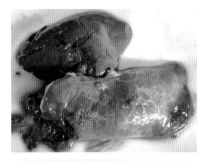

图 1-66　肝被膜增厚，附有纤维素性渗出物

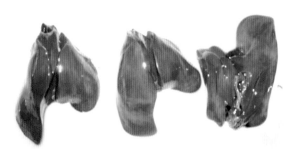

图 1-67　急性败血型，肝脏肿大并出现瘀血、出血

图1-68 右腹气囊上出现大量
浅黄色的干酪样渗出物

图1-69 肺脏瘀血、
出血、水肿

图1-70 肺脏严重瘀血、
出血、水肿

图1-71 肺脏充血、瘀血、
出血、水肿

图1-72 脾脏肿大且有坏死点

图1-73 脾脏肿大、出血且有坏死点

【类症鉴别】 诊断本病应与鸭疫里默氏杆菌病、鸭沙门菌病、鸭衣原体病、鸭链球菌病、疏螺旋体病、肉鸭腹水症和脂肪肝综合征等相鉴别。

（1）**与鸭疫里默氏杆菌病的鉴别** 鸭疫里默氏杆菌病发病急，传播迅速，发病率和死亡率高，而鸭大肠杆菌病发病缓和，传播较慢，其发病率和死亡率的高低主要取决于饲养管理水平和某些原发病的严重程度；鸭疫里默氏杆菌病多发于2~8周龄的鸭只，该菌可引发脑膜炎，出现脑神经症状，而鸭大肠杆菌性脑炎主要发生于2周龄以内的雏鸭，2周龄以上的雏鸭很少发生；疫里默氏杆菌可同时引发与浆膜相类似组织（如脑膜、腹膜、肠系膜、肠浆膜、关节滑膜等）器官的急性纤维素性渗出性炎症，造成多器官的功能异常，而鸭大肠杆菌病最初先引起纤维素性心包炎，随病情发展便逐渐出现气囊炎、肝周炎和腹膜炎，个别的会出现关节炎，但2周龄以上的鸭发生鸭大肠杆菌病时，却一般不会引起脑膜炎；鸭疫里默氏杆菌病的纤维素性渗出物较薄且湿润，易剥离，颜色大致一样，而鸭大肠杆菌病的纤维素性渗出物厚薄不均，难剥离，心脏与肝脏上的渗出物因发生的时间不一致，所以渗出物的颜色也不一样；用病死鸭的肝脏病料接种于麦康凯培养基上，大肠杆菌能长出亮红色菌落，而鸭疫里默氏杆菌不能生长。

（2）**与鸭沙门菌病的鉴别** 鸭沙门菌病发生于2周龄以内时，可见脐炎、肠炎、拉稀、糊肛，而鸭大肠杆菌病也可见到脐炎、肠炎等，但还可见到脑炎症状；鸭沙门菌病主要排白色稀便，而鸭大肠杆菌病则主要排灰黑色或黑色的恶臭稀便；鸭沙门菌病主要引起肝脏和脾脏肿大，肾脏一般不肿，而鸭大肠杆菌病可引起这三种脏器的肿大；鸭沙门菌病可引起肝脏变色为青铜色，而鸭大肠杆菌病则无此变化；鸭大肠杆菌病可引起心包炎、气囊炎和肝周炎（俗称"三包症"），而鸭沙门菌病则无此变化；将未吸收完的卵黄囊液或病死鸭的肝脏病料接种于麦康凯培养基上，沙门菌能长出白色菌落，而大肠杆菌则长出亮红色菌落。

（3）**与鸭衣原体病的鉴别** 鸭衣原体病主要发生于7周龄以内的鸭只，以秋冬和春季多发，而鸭大肠杆菌病不分年龄和季节均可发生；鸭衣原体病出现腹泻，排绿色水样便，而鸭大肠杆菌病则排灰黑色或黑色的恶臭稀便；鸭衣原体病可引起结膜炎、角膜炎、鼻炎或眶下窦炎，使眼和鼻腔流出浆液性或黏液性分泌物，眼周围羽毛粘连至结痂成块，而鸭大肠杆菌病则达不到这种程度，但可造成全眼球炎和眼球萎缩的现象；鸭衣原体病能同时引起气囊壁浑浊增厚、心包炎和肝周炎，而鸭大肠杆菌病首先引起心包炎，随后引发气囊炎和肝周炎；用病死鸭的肝脏病料接种于麦康凯培养基上，大肠杆菌能长出亮红色菌落，而衣原体不能生长。

（4）与鸭链球菌病的鉴别　鸭链球菌病主要排灰绿色稀便，有时后期呈黑色，而鸭大肠杆菌病则一直排灰黑色的恶臭稀便；鸭链球菌病多数病鸭表现两脚无力，蹒跚跌倒，跗关节及趾关节肿胀，跛行，而鸭大肠杆菌病只引起少数病鸭出现关节炎，轻度跛行；鸭链球菌病的急性型病例在濒死前出现角弓反张，两腿呈游泳状划动，而鸭大肠杆菌病多数是因为衰竭而死；急性鸭链球菌病的脾脏高度肿大似圆球状，而鸭大肠杆菌病的脾脏变化达不到这种程度；慢性鸭链球菌病虽然也表现心包炎、关节炎等，但同时心脏瓣膜还可见有增生性疣状物，而鸭大肠杆菌病则无此心脏变化；链球菌为革兰阳性菌，而大肠杆菌是革兰阴性菌。

（5）与疏螺旋体病的鉴别　疏螺旋体病雏鸭最易感，5～9月为发病季节，7～8月为发病高峰季节，多为散发，其发病率和死亡率均低，而鸭大肠杆菌病不分年龄和季节，常造成区域性流行，其发病率和死亡率较高，且明显影响鸭生产性能；疏螺旋体病的病后期有贫血和黄疸现象，腹泻，排绿色稀便且分3层，外层为蛋清样浆液，中层为绿色，最内层是散在的白色块状物，而鸭大肠杆菌病体端末梢发暗，明显脱水，鸭蹼干瘪，主要排灰黑色、恶臭稀便；疏螺旋体病肝脏和脾脏肿大可达2倍以上，脾脏呈斑驳状，肾脏苍白或呈棕黄色且输尿管内有尿酸盐沉积，而鸭大肠杆菌病肝脏、脾脏、肾脏均有不同程度的肿大，多呈暗红色；鸭大肠杆菌病常见心包炎、肝被膜炎、气囊炎、腹膜炎等剖检变化，而疏螺旋体病则无此变化。

（6）与肉鸭腹水症的鉴别　肉鸭腹水症多发生于冬、春寒冷季节及高海拔地区的2～7周龄的肉鸭，公鸭更易发生，其发病率和死亡率较低，而鸭大肠杆菌病不分年龄、性别和季节，其发病率和死亡率较高；肉鸭腹水症腹部膨大有波动感，甚至似"企鹅状"行走，而鸭大肠杆菌病很少见到此现象；肉鸭腹水症腹腔内有大量茶色或啤酒样积液，有的可见纤维素絮状凝块，心包积液，肝脏肿大钝圆，质地坚实，而鸭大肠杆菌病常见心包炎、肝被膜炎、气囊炎、腹膜炎等病理变化，但要注意肉鸭腹水症易继发鸭大肠杆菌病。

(7) 与脂肪肝综合征的鉴别 脂肪肝综合征多发生于天气炎热的夏季及体重大而肥胖的鸭只，发病率较高但死亡率较低，突然发病死亡，死后冠、髯、皮肤、腿和蹼表现苍白，而鸭大肠杆菌病不分季节、大小均可发病，其发病率和死亡率较高，病中和死后体表呈现暗红色及脱水；脂肪肝综合征多数可看到腹部有丰满的脂肪，肝脏肿大呈浅黄色，质脆如泥，极易破裂造成急性大出血，腹腔内常见大量凝血块，而鸭大肠杆菌病多数呈现脱水、消瘦，肝脏也肿大但多呈暗红色，内脏表面常覆盖一层数量不等、厚薄不均的白色或浅黄色纤维蛋白渗出物；用病死鸭的肝脏病料接种于麦康凯培养基上，大肠杆菌能长出亮红色菌落，而脂肪肝综合征却不见细菌生长。

【临床用药】 平时应做好卫生消毒工作，发现疫情及时隔离；搞好种蛋消毒，减少或降低雏鸭带菌的可能性，对于外购雏鸭则要把好采购关。同时要防止水源和饲料污染。

对于已经发病的鸭群，应选择敏感药物在发病日龄前 1～2 天进行预防性投药，或发病后进行紧急治疗。

(1) 抗生素 氨苄青霉素（氨苄西林）：按 0.2 克/升饮水或按 5～10 毫克/千克拌料内服。阿莫西林：按 0.1～0.2 克/升饮水。庆大霉素：0.06～0.1 克/升饮水。连用 3～5 天。

(2) 磺胺类药物 复方磺胺-6-甲氧嘧啶：按 2%～3% 拌料，或 1%～2% 饮水。复方磺胺-5-甲氧嘧啶：按 2%～3% 拌料。连用 3～5 天。

(3) 四环素类药物（土霉素、金霉素、四环素、多西环素等） 按 0.05%～0.1% 拌饲或 0.01%～0.02% 饮水，连用 3～5 天。

(4) 中草药防治方 1 三黄汤，黄连 1 份，黄檗 1 份，大黄 0.5 份，每天每只每次 0.5～1 克，拌料或饮水，每天 2 次，连用 3～5 天。

(5) 中草药防治方 2 雄连散，黄连、黄芪、金银花、大青叶、雄黄等适量，每天每千克体重 1～2 克，拌料或饮水，连用 3 天。

(6) 中草药防治方 3 黄芩散，黄芩、板蓝根、双花、栀子、山药、黄连、女贞子、丹皮、麻黄、杏仁、秦皮、地榆、乌梅、黄芪、甘草、赤芍、白术、半夏等组成，按一定比例取药，制成每毫升含药 1 克的药液，每天每只鸭灌服 2 毫升，连用 3 天，预防可减半用药。

八、鸭疫里默氏杆菌病

鸭疫里默氏杆菌病俗称鸭传染性浆膜炎，是一种由鸭疫里默氏杆菌引起的严重危害雏鸭、雏火鸡和雏鹅等多种禽类的高致病性、接触性传染病，呈急性或慢性败血症，病变以纤维素性心包炎、气囊炎、肝周炎、脑膜炎及部分病例出现干酪样输卵管炎、关节炎、结膜炎为特征。

【临床症状】　　　本病的潜伏期为1～3天，有时可长达7天。临床上无症状突然死亡的最急性型病例很少见，主要是急性和慢性型病例多见。急性型病例发病迅速，发病率高，表现为精神倦怠、厌食、缩颈闭眼、眼鼻有黏液性或脓性分泌物，出现咳嗽、打喷嚏和"烂眼圈"，排出白色稀粪，濒死期粪便变为绿色，肛门周围常被粪水污染。有些病鸭会出现神经症状，

如共济失调、头颈颤抖、歪头斜颈等（图1-74），严重的可出现全身痉挛性抽搐（图1-75），很快死亡。慢性型病例则表现为精神沉郁、减食、不愿走动、羽毛粗乱、下痢等，少数病鸭出现头颈歪斜、转圈或后退等神经症状。还有些病例表现为局部感染，多数是关节肿胀、跛行，逐渐消瘦死亡，病鸭的跗关节、鸭蹼表面出现龟裂

图1-74　病鸭歪头斜颈

（图1-76）。慢性型病例多发生于老疫区的鸭场，或由急性型病例转变而来，其表现与急性型病例相似，只是症状较轻，病程更长，病死率较低。

图1-75　病鸭阵发性痉挛

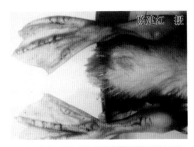

图1-76　腿爪龟裂处常成为本病原入侵的重要途径

【剖检病变】　本病的特征性病理变化是内脏器官的被膜及浆膜表面有纤维素性渗出物沉着，主要表现为心包炎、气囊炎、肝周炎和脑膜炎（图1-77）。急性型病例的病变主要是心包炎，可见心包内蓄积纤维素样浑浊液体，心包增厚（图1-78、图1-79）；肝脏实质变脆；气囊上附有干酪样渗出物；脾脏呈轻度花斑状（图1-80、图1-81），有纤维素沉着。慢性型病例则以严重的心包炎、气囊炎、肝周炎为主（图1-82、图1-83），内脏器官上有大量的纤维素性渗出物附着（图1-84），肝脏和脾脏都出现灰白色坏死点。

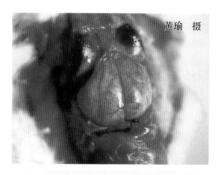

黄瑜　摄

图1-77　脑膜充血、出血

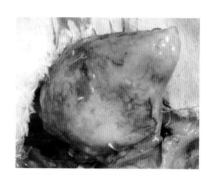

图1-78　心脏外包有一层灰白色纤维素性渗出物

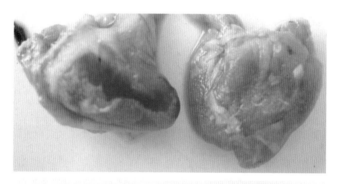

图1-79　心包炎，可见灰白色纤维蛋白附着

图 1-80 脾脏肿大，呈斑驳状、大理石样外观

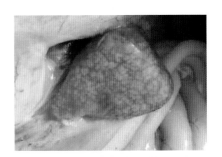

图 1-81 脾脏雪花状坏死，呈大理石样外观

图 1-82 心包炎、肝周炎，可见灰白色纤维素性渗出物附着

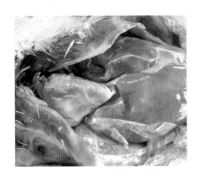

图 1-83 心包炎、肝周炎

图 1-84 肝脏表面出现一层半透明的纤维素性膜

【类症鉴别】 诊断本病应与鸭大肠杆菌病、鸭流感、鸭呼肠孤病毒病、鸭病毒性肝炎、鸭瘟、鸭副黏病毒病、鸭沙门菌病、鸭链球菌病和鸭坦布苏病毒病等相鉴别。

（1）与鸭大肠杆菌病的鉴别 详见"鸭大肠杆菌病的类症鉴别"第1条。

（2）与鸭流感的鉴别 详见"鸭流感的类症鉴别第7条"。

（3）与鸭呼肠孤病毒病的鉴别 详见"鸭呼肠孤病毒病的类症鉴别"第5条。

（4）与鸭病毒性肝炎的鉴别 鸭病毒性肝炎病鸭大多数出现神经症状，如运动失调，侧卧或仰卧，两脚痉挛性踢蹬，全身抽搐，死前角弓反张，而鸭疫里默氏杆菌病只有少数病鸭表现神经症状；个别慢性型鸭病毒性肝炎可出现腹泻、关节肿大、腹腔积液等变化，而鸭疫里默氏杆菌病的病鸭几乎全部拉稀，排出浅黄白色、绿色或黄绿色稀便，部分关节肿大，但无腹腔积液的现象；鸭病毒性肝炎的病变主要是肝脏肿大、质脆易碎，呈红褐色或红黄色，甚至呈土黄色，有大量点片状出血，而鸭疫里默氏杆菌病主要表现严重的肝被膜炎，表面附有一层白色或灰白色的纤维素性渗出物；鸭疫里默氏杆菌病早期使用头孢噻肟钠、阿莫西林等抗菌药物治疗，效果良好，而鸭病毒性肝炎却无效。

（5）与鸭瘟的鉴别 详见"鸭瘟的类症鉴别"第7条。

（6）与鸭副黏病毒病的鉴别 鸭副黏病毒病可造成腺胃乳头出血，肠道变薄并呈现树枝状出血，有的病例肠道淋巴滤泡呈现坏死、溃疡，而鸭疫里默氏杆菌病可见腺胃黏膜瘀血，肠道弥漫性轻度出血，肠道不会出现坏死及溃疡的现象；鸭副黏病毒病的脾脏主要表现出血，而鸭疫里默氏杆菌病的脾脏主要出现雪花状坏死，呈大理石样外观；鸭疫里默氏杆菌病可出现典型的急性心包炎、肝周炎、气囊炎、脑膜炎、关节炎等，而鸭副黏病毒病则无此变化；用病死鸭肝脏接种于巧克力琼脂，鸭疫里默氏杆菌能生长，如果是鸭副黏病毒病则无细菌生长；如果将病料接种易感鸭胚，死亡胚尿囊液具有血凝活性并能被禽Ⅰ型副黏病毒抗血清所抑制，则认为是鸭副黏病毒所致，鸭疫里默氏杆菌病的病料不会引起鸭胚死亡；鸭疫里默氏杆菌病使用强力霉素（多西环素）、硫酸新霉素、阿莫西林或头孢类药物进行预防和治疗，均具有良好的效果，而对于鸭副黏病毒病则无效。

（7）**与鸭沙门菌病的鉴别** 鸭沙门菌病于 1~3 周龄的雏鸭最易感，发病最严重，症状最典型，而鸭疫里默氏杆菌病多发生于 2~8 周龄的小鸭，7 日龄内很少发生；鸭沙门菌病和鸭疫里默氏杆菌病均可出现精神沉郁、全身震颤、行走不稳、倒地痉挛，但鸭沙门菌病出现上述神经症状后便很快死亡，而鸭疫里默氏杆菌病多数需要经过数次神经症状后方才死亡；鸭沙门菌病常引起刚出壳雏鸭的脐炎和卵黄吸收不良，而鸭疫里默氏杆菌病一般见不到此症状；鸭沙门菌病可引起肝脏肿大呈青铜色，常有坏死点，而鸭疫里默氏杆菌病则无此变化；鸭疫里默氏杆菌病大多数出现典型的急性心包炎、肝周炎、气囊炎等，而鸭沙门菌病则无此变化；如果用病死鸭肝脏接种于麦康凯平板，鸭疫里默氏杆菌不能生长，而鸭沙门菌能长出白色菌落；鸭沙门菌病使用多黏菌素 B 或硫酸卡那霉素进行预防和治疗均有较好的效果，而鸭疫里默氏杆菌病对上述两种药物似乎具有天然耐药性。

（8）**与鸭链球菌病的鉴别** 鸭链球菌病多发生于雏鸭但成年鸭也可感染，无明显季节性，多呈散发，其发病率较高但死亡率低，而鸭疫里默氏杆菌病多发生于 2~8 周龄的鸭只，冬、春季节多发，发病急，传播迅速，发病率和死亡率均高；急性型鸭链球菌病脾脏肿大呈圆球状，有出血斑点，而鸭疫里默氏杆菌病脾脏肿大呈斑驳状或肿胀不明显，表面有灰白色坏死点；慢性型鸭链球菌病心脏瓣膜有增生性疣状物，而鸭疫里默氏杆菌病无此现象；用病死鸭内脏触片或用内脏培养菌落涂片，革兰染色、镜检，鸭链球菌为革兰阳性菌，而鸭疫里默氏杆菌为革兰阴性菌；如果取气囊上附着的纤维素性渗出物，用特异荧光抗体染色镜检，可见鸭疫里默氏杆菌呈黄绿色环状结构，而其他细菌不着色。

（9）**与鸭坦布苏病毒病的鉴别** 鸭坦布苏病毒病最易发生于 10~25 日龄的肉鸭和产蛋鸭，秋、冬季节严重，其发病率较高但死亡率较低，而鸭疫里默氏杆菌病多发生于 2~8 周龄的鸭只，一般不侵害产蛋鸭，冬、春季节多发，其发病率和死亡率均高；鸭疫里默氏杆菌病可见心包炎、肝被膜炎、气囊炎、关节炎等，而鸭坦布苏病毒病则无此病理变化；采集刚死亡病鸭的脑、肝脏或脾脏等组织，接种于胰蛋白酶大豆琼脂或巧克力琼脂平板培养基上，置于二氧化碳培养箱，37℃ 培养 24~48 小时，如果看到表面光滑、稍凸起、圆形，直径为 1~2 毫米呈奶油状的菌落，可判定为鸭疫里默氏杆菌，而坦布苏病毒不会在此培养基上生长。

【临床用药】 对于没有发病的鸭群，平时要做好饲养管理工作，由于本病的血清型较多，且各个血清型之间没有交叉保护，加上临床上的多种血清型的混合感染和血清型的变异性，因此要考虑使用多价灭活疫苗或者免疫接种要与本地流行的血清型相吻合，另外要尽量降低或减少对鸭群的应激。对于已经发病的鸭群，首先要进行有效的隔离治疗，同时对鸭舍和鸭群进行有效的消毒，加强饲养管理，提高鸭群的抵抗力。

由于对鸭疫里默氏杆菌敏感的药物不多，且该菌易产生耐药性，对于本病常发鸭舍，要定期更换药物或者几种药物交替使用。

(1) 青霉素和链霉素 雏鸭各 5000～10000 单位，中幼鸭各 4 万～8 万单位肌内注射，每天 2 次，连用 2～3 天。

(2) 磺胺类药物 在雏鸭易感日龄，饮水中添加 0.2%～0.25% 的磺胺二甲基嘧啶或饲料中添加复方磺胺对甲氧嘧啶（球虫宁，复方磺胺-5-甲氧嘧啶）2%～3%，连喂 3 天，停药 2 天，再喂 3 天，可预防本病或降低死亡率；或用 24% 复方敌菌净散，按 0.1% 比例拌料，连用 5 天。

(3) 环丙沙星 按鸭每千克体重 5～10 毫克拌料饲喂，连用 3 天。

(4) 中草药防治方 黄芩 10 克、大黄 6 克、苍术 8 克、香附 10 克、甘草 6 克、龙胆草 20 克、茵陈 20 克、栀子 10 克、黄檗 10 克（100 只鸭 1 天用药量），水煎取汁，兑入饮水或者拌料饲喂；不食的雏鸭滴服，每天 1 次，连用 3～5 天。

(5) 中西药结合防治方 中药方清瘟败毒饮，知母 10 克、生石膏 15 克、黄连 5 克、生地 10 克、水牛角 30 克、黄芩 6 克、焦山栀 6 克、枳实 6 克、焦大黄 6 克、赤芍 10 克、丹皮 10 克、玄参 10 克、连翘 10 克、竹叶 3 克、桔梗 6 克、生甘草 6 克，以上中药煎水，供总体重 50 千克鸭自由饮用，连用 3 天。西药使用氟甲砜霉素（原粉），每千克饲料 250 毫克混饲，供鸭自由采食，同时在饮水中加入地塞米松（每 25 千克体重鸭加 10 毫克），供鸭群自由饮用，连用 3 天。对于严重病例，可用阿米卡星与地塞米松混合肌内注射，同时灌服以上煎剂，每天 2 次，连用 3 天。

九、鸭沙门菌病

鸭沙门菌病又称鸭副伤寒，是由一种沙门菌引起的传染病，主要发生于幼鸭，特别是 1~2 周龄的雏鸭。死亡率高的可达 70%~80%，10 日龄内雏鸭发病率和死亡率最高，其次为 1 月龄内的雏鸭，4 月以上的成年鸭很少发病。鸭沙门菌病是严重威胁雏鸭成活率的一种传染病。鸭沙门菌病主要通过蛋和消化道传染，也可由呼吸道和创伤的皮肤感染。雏鸭发病时常出现大批死亡，以下痢和内脏器官的灶性坏死为特征，成年鸭则为慢性或隐形感染，以下痢、结膜炎、关节炎和消瘦为特征。

【临床症状】　根据感染日龄的不同，鸭沙门菌病可分为急性型和慢性型两种类型。

（1）急性型　急性型病例常发生在 3 周龄以内的雏鸭，最明显的临床症状为病鸭先排稀粥样便，后为绿色或黄色水样腹泻，恶臭，有时带有白色黏液，有的为黑褐色糊状混有血丝、小血块和气泡，肛门周围沾满粪便，干涸后便出现糊肛现象。病鸭食欲减退、气喘、颤抖、怕冷，部分病鸭眼睑水肿，眼鼻有时会有分泌物，身体衰弱，反应迟缓且动作不协调，常发生忽然倒地死亡的情况，又称"猝倒病"，发病后期会出现神经症状，头颈歪斜，角弓反张，摇头，全身痉挛，抽搐。病鸭死前背朝下、脚朝天，形如翻船（图 1-85）。病程为 2~5 天，有时可达 8 天以上。

（2）慢性型　慢性型病例常发生在 1 月龄左右的雏鸭和中雏鸭中，表现为精神不振，食欲降低，粪便稀薄，严重时下痢且带血，羽毛蓬乱，且逐渐消瘦，有时会出现关节肿胀、跛行和气喘等症状。该日龄发病的鸭只死亡率并不高，但病鸭体内已带

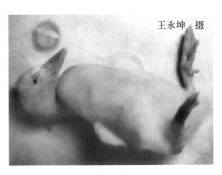

王永坤　摄

图 1-85　**患病雏鸭倒地作划船动作**

菌，当鸭群患病毒性肝炎、大肠杆菌病或鸭霍乱等继发感染时，会使病情加重，导致死亡率增加。

【剖检病变】　病死雏鸭卵黄吸收不良，卵黄黏稠、色深；肝脏肿大，呈青铜色（图 1-86），表面有细小的灰白色坏死点（图 1-87）；胆囊肿胀，充满胆汁；气囊轻微浑浊，有时附有浅黄色纤维素样分泌物；脾脏

肿大呈紫红色，表面有大小不一的黄白色坏死点（图1-88）；肠道黏膜轻度出血。亚急性型病例，部分肠段肠黏膜（特别在回肠、盲肠和直肠）出现坏死现象，肠腔内有糠麸样物（图1-89）。最具特征的病变是盲肠肿胀，内有干酪样物质形成栓子；直肠扩张，充满结实的内容物；有时也会出现心包炎、心肌炎或者心外膜炎的病例。

图1-86　肝脏肿大，呈青铜色

图1-87　肝脏有大量灰白色坏死点

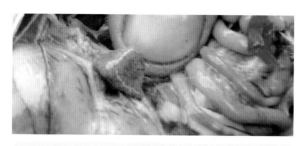

图1-88　脾脏呈花斑状坏死

【类症鉴别】　诊断本病应与鸭霍乱、鸭呼肠孤病毒病、鸭大肠杆菌病、鸭疫里默氏杆菌病、鸭疱疹病毒性坏死性肝炎、鸭曲霉菌病、疏螺旋体病、鸭葡萄球菌病、鸭链球菌病和脂肪肝综合征等相鉴别。

（1）与鸭霍乱的鉴别　鸭霍乱多引起育成鸭和成年鸭的急性发生和死亡，但有时也可引起1月龄内的小鸭大批发病，而鸭沙门菌病主要造成1～3周龄雏鸭的急性发病和大批死亡，引起成年鸭生殖系统的感染；鸭霍乱引起肝脏肿大、变性呈土黄色，并散布有针尖大小的灰白色坏死点，脾脏稍肿或不肿大，而鸭沙门菌病可引起肝脏和脾脏均肿大，肝脏呈现一簇簇的星芒状坏死灶，肝脏瘀血、出血呈暗红色甚至青铜色；用病死鸭肝脏接种于普通琼脂培养基或麦康凯培养基，鸭沙门菌能长出白色菌落，而多杀性巴氏杆菌不能生长。

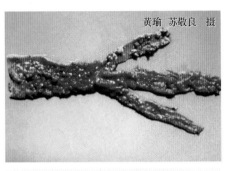

黄瑜 苏敬良 摄

图1-89 患病雏鸭直肠、盲肠、回肠附有糠麸样物

（2）与鸭呼肠孤病毒病的鉴别 详见"鸭呼肠孤病毒病的类症鉴别"第4条。

（3）与鸭大肠杆菌病的鉴别 详见"鸭大肠杆菌病的类症鉴别"第2条。

（4）与鸭疫里默氏杆菌病的鉴别 详见"鸭疫里默氏杆菌病的类症鉴别"第7条。

（5）与鸭疱疹病毒性坏死性肝炎的鉴别 鸭疱疹病毒性坏死性肝炎的发病日龄范围较大，即多发生于8～90日龄，而鸭沙门菌病主要发生于1～3周龄的雏鸭；鸭疱疹病毒性坏死性肝炎表现软脚、蹲伏，无规则的摇摆头部，有的出现扭颈或转圈等神经症状，而鸭沙门菌病主要表现站立不稳、脱水、衰竭死亡；鸭疱疹病毒性坏死性肝炎可见肝脏、脾脏、胰腺和肠浆膜表面上出现大量灰白色坏死点；而鸭沙门菌病主要见肝脏肿大，呈青铜色，常见一簇簇的星芒状坏死灶，其他脏器未见有坏死灶；鸭疱疹病毒性坏死性肝炎肠腔内充满大量黏液，在十二指肠和直肠处常见到出血点或环状出血，而鸭沙门菌病肠道多呈现卡他性炎症；用病死鸭的肝脏接种于普通琼脂培养基或麦康凯培养基，鸭沙门菌能长出白色菌落，而鸭疱疹病毒性坏死性肝炎的病鸭无细菌生长。

（6）与鸭曲霉菌病的鉴别 鸭曲霉菌病多数病例表现张口呼吸，呼吸急促，鼻流浆液性分泌物，慢性病例可见呼吸困难，伸颈呼吸，而鸭沙门菌病仅个别表现气喘；曲霉菌若侵害眼睛时，则表现结膜充血、肿眼、眼睑肿胀，严重者失明，而鸭沙门菌病仅见个别流泪或有黏性渗出物；鸭曲霉菌病肺脏主要呈现结节性坏死变化，气囊上可见散在的灰白色或灰黑色结节，取这种结节性组织进行压片、镜检，可见曲霉菌的菌丝，在气囊结节上还可见分生孢子柄和孢子，而鸭沙门菌病的肺脏主要表现瘀血、出血和水肿，气囊轻度浑浊；鸭沙门菌病的肝脏和脾脏肿大有坏死灶，有的肝脏呈青铜色，而鸭曲霉菌病无此现象。

（7）与疏螺旋体病的鉴别　疏螺旋体病以雏鸭最易感，多为散发，此病传播媒介为蜱，所以有明显季节性，多在5～9月发病，7～8月为发病高峰季节，而鸭沙门菌病也是以1～3周龄的雏鸭最易感，成年鸭也可感染但多呈隐性经过，主要以垂直传播为主，也可水平传播；疏螺旋体病的病后期有贫血和黄疸的现象，其所排粪便有特点，即排绿色稀便一般分3层，外层为蛋清样浆液、中层为绿色、最内层是散在的白色块状物，而鸭沙门菌病无明显贫血和黄疸，雏鸭卵黄吸收不良，其特征性粪便是病初粪便呈稀粥状、后为带气泡的黄绿色稀便或带有白色黏液或血丝，常沾于肛门处，干涸后出现糊肛现象；疏螺旋体病脾脏肿大1～2倍呈斑驳状，肝脏肿大2～3倍呈砖红色并有出血点和坏死点，肾脏肿大、苍白、输尿管中有尿酸盐沉积，腺胃与肌胃交界处有出血点，而鸭沙门菌病脾脏肿大有针尖大小坏死点，肝脏肿大呈青铜色并常见有细小的灰黄白色坏死灶，肠黏膜充血、出血，在肠浆膜表面有时看到大量灰白色瘤状结节，慢性型病例可见肠黏膜坏死呈糠麸样变化，盲肠肿胀、内常有干酪样栓子。

（8）与鸭葡萄球菌病的鉴别　鸭葡萄球菌病的患病雏鸭多呈现脐炎和急性败血症，成年鸭多呈现关节炎，其发病率和死亡率一般较低，而鸭沙门菌病也可引起脐炎和败血症，但成年鸭多呈隐性感染，雏鸭的发病率和死亡率一般较高；鸭葡萄球菌病的胸腹部及腿内侧皮下浮肿呈紫黑色有血样渗出液，成年鸭多见跗关节和趾关节肿胀呈紫红色或紫黑色似瘤状，而鸭沙门菌病则无此现象；鸭葡萄球菌病和鸭沙门菌病均可引起肝脏、脾脏肿大且有坏死灶，肝脏有的呈黄绿色，并且鸭葡萄球菌病还可引发内脏或腹腔出现化脓灶，而鸭沙门菌病不会出现化脓现象，但其肝脏有的呈青铜色；鸭葡萄球菌为革兰阳性菌，而鸭沙门菌为革兰阴性菌。

（9）与鸭链球菌病的鉴别　鸭链球菌病雏鸭多发，成年鸭也可感染，多散发，主要通过消化道和呼吸道传染，其发病率高但死亡率低，而鸭沙门氏菌病也多发生于雏鸭，成年鸭也可感染但多呈隐性经过，多呈区域性流行，不但能通过消化道或飞沫经呼吸道感染，还可通过垂直传播，其发病率和死亡率均比较高；鸭链球菌病表现下痢，主要排灰绿色稀便，后期排黑色稀便，而鸭沙门菌病也表现下痢，初期排糊状便，后为绿色或黄色水样，有时带有白色黏液或混有血丝、小血块和气泡；鸭链球菌病其急性型脾脏肿大呈圆球状且有出血斑点，肝脏肿大、瘀血且有少量纤维素性物附着，肺脏瘀血、水肿，肾脏肿大有尿酸盐沉积、心包积液、心包炎、气囊炎，其慢性型心脏瓣膜有增生性疣状物，而鸭沙门菌病则表现有脾脏肿大有针尖大小坏死点，肝脏肿大呈青铜色有细小的黄白色坏死灶，其慢性型病例可见肠黏膜坏死呈糠麸样变化，盲肠肿胀、其内常见干酪样栓子。

（10）与脂肪肝综合征的鉴别 脂肪肝综合征主要发生于肉用仔鸭和产蛋母鸭，高温季节多发，其发病率高但死亡率低，而鸭沙门菌病也主要发生于雏鸭，成年鸭呈隐性感染，一年四季均可发生，其发病率和死亡率均比较高；脂肪肝综合征死亡的鸭只多数体况良好，肝脏肿大呈浅黄色、油腻状、质脆如泥，肝被膜下有大小不等的出血点，甚至肝大质脆而破裂出血，血凝块覆盖在肝脏表面似"二重肝"，而鸭沙门菌病死亡的鸭只多数体况较差，肝脏肿大有坏死灶，有的呈青铜色，不会出现肝被膜下有大块出血的现象。

【临床用药】 首先应对病鸭进行隔离，沙门菌易产生耐药性，有条件的最好进行药敏试验筛选出高敏药物，可选用以下药物进行治疗：

（1）磺胺类药物 每10千克饲料中混入抗生素2.5克，大群治疗，或加入0.5%磺胺嘧啶或磺胺甲基嘧啶，连续饲喂4~5天。

（2）链霉素或卡那霉素 每只雏鸭每次注射2毫克，每天肌内注射2次；或在每千克饲料或饮水中添加抗生素1克，让病鸭自行饮服。

（3）金霉素和土霉素 每只雏鸭每天20毫克，充分混入饲料中，每天3次。

（4）中草药防治方1 黄连、黄芩、黄檗各30克，白头翁50克（100只鸭用），水煎取汁兑温开水饮用，每天2次，饮用前先断水2小时，一般2天即愈。

（5）中草药防治方2 血见愁240克、马齿苋120克、墨旱莲150克、地锦草 120 克，煎汁拌料或饮水，连用 3 天（500 只鸭用量）。

十、鸭坏死性肠炎

鸭坏死性肠炎是由魏氏梭菌引起种鸭的一种急性非接触性传染病，以体质衰弱、食欲降低、不能站立、常突然死亡和剖检可见肠道黏膜坏死（故称烂肠病）为特征。本病一年四季均可发生，秋、冬季为高发季节，但无特别差异。鸭群受各种应激因素如免疫接种、恶劣的气候条件、肠内寄生虫（如球虫、毛滴虫、组织滴虫等）刺激后，尤为严重。

【临床症状】 蛋鸭患病后，产蛋量急剧下降。病鸭虚弱，精神不佳，不能站立，此时容易受到其他公鸭的攻击，常见到母鸭头部、背部羽毛脱落。食欲减退，甚至废绝，伴有腹泻，粪便呈红褐色或黑色煤焦油状。病鸭常常迅速消瘦，急性死亡。部分病例可能出现肢体痉挛，头颈歪斜，两腿外撇，同时伴有呼吸困难，口腔流出混有食糜的黏液。

【剖检病变】 食道膨大部充盈，肌胃中充满食物；肝脏肿大呈浅土黄色，表面有大小不一的黄白色坏死斑点；脾脏肿大呈紫黑色；主要病变在肠道，十二指肠黏膜出血，空肠和回肠扩张（图 1-90），肠壁呈苍白色，质脆易破裂，内有血样液体（图 1-91、图 1-92），病后期见空肠和回肠黏膜表面覆盖一层黄褐色恶臭的纤维素性渗出物和坏死的肠黏膜（图 1-93）；空肠和回肠黏膜上有散在的枣核状溃疡灶，溃疡深达肌层，上覆一层伪膜。个别病例气管有黏液，喉头出血。母鸭输卵管中可见干酪样物质堆积。

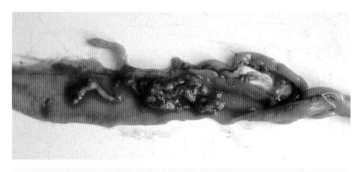

图 1-90　回肠扩张，肠腔内有含血的凝固状内容物

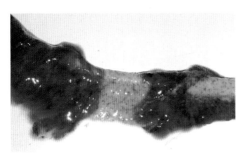

图1-91 空肠黏膜上密布出血点，
有大量血样内容物

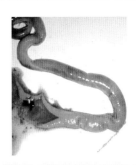

图1-92 空肠扩张、质脆、
易断，内有大量血样内容物

图1-93 回肠黏膜上覆盖一层纤维素性坏死性渗出物

【类症鉴别】 诊断本病应与鸭瘟、鸭疱疹病毒性出血症和鸭球虫病等相鉴别。

（1）与鸭瘟的鉴别 详见"鸭瘟的类症鉴别"第4条。

（2）与鸭疱疹病毒性出血症的鉴别 鸭疱疹病毒性出血症主要发生于10～55日龄的鸭群，且35日龄内发病较严重，而鸭坏死性肠炎主要发生于青年鸭和成年鸭，雏鸭少见；鸭疱疹病毒性出血症出现黑羽现象，即双翅羽毛管内出血呈紫黑色，易脱落，体端末梢发绀呈紫黑色，口流黄水，而鸭坏死性肠炎无此现象；鸭疱疹病毒性出血症的特征性病变是全身组织器官出血或瘀血，如肝脏、脾脏、肾脏、胰腺、肠管、法氏囊及大脑等，而鸭坏死性肠炎主要见肠道出血，肠内容物混有血液，并伴有肠黏膜增厚且附有一层黄绿色伪膜；取肠内容物在普通琼脂平板、葡萄糖血清琼脂平板或色氨酸磷酸琼脂平板上，经37℃厌氧培养24小时，如果看到圆盘状较大的菌落，菌落表面有放射状条纹，边缘呈锯齿状，灰白色、半透明，外观形似"勋章"样，则可诊断为是由魏氏梭菌引起的鸭坏死性肠炎。

（3）与鸭球虫病的鉴别 鸭球虫病在各种年龄均可感染球虫，但本病主要发生于6周龄内的雏鸭，夏、秋季节多发，而鸭坏死性肠炎主要发生于青年鸭和成年鸭，雏鸭少见，秋、冬季节多发；鸭球虫病的小肠上，通过浆膜可清晰地看到针尖大小出血点和白色坏死点，剖开肠管可见其内容物呈浅红色或咖啡色，而鸭坏死性肠炎的肠管扩张、易拉断，肠腔内容物呈鲜红色，或有大量血色豆腐渣样物；取肠内容物进行饱和盐水漂浮集卵法，低倍镜暗视野下观察，如果看到大量球虫卵囊，则肯定有鸭球虫病，但不能排除鸭坏死性肠炎的存在，因鸭球虫病可继发魏氏梭菌的感染，所以在治疗鸭坏死性肠炎时，一定要考虑到鸭球虫病的存在。

【临床用药】 病鸭应及时隔离并消毒，建议有条件的可通过药敏试验来选择敏感的药物进行治疗。泰乐菌素、青霉素、氨苄西林、杆菌肽、林可霉素和土霉素等均可降低粪便产气荚膜梭菌的排菌量。也可选用以下药物进行治疗：

1）头孢噻呋钠，每100千克水中加入5~10克，连饮3~5天。

2）红霉素，按0.02%拌料（100千克饲料中加入20克药物），连续饲喂2~3周，能有效地降低死亡率。对严重病鸭，可肌内注射青霉素、链霉素，每只肌内注射青霉素10万~15万单位、链霉素15万~20万单位，每天1次，连续治疗2~3次，也可获得较好效果。

3）对病鸭也可每天使用庆大霉素、卡那霉素各5万单位/（只·天），胸部肌内注射，连用4天。用药当天晚上，部分鸭只食道膨大部开始排空变小，并恢复食欲，拉污秽带血的粪便。4天后为巩固疗效，改用氟哌酸（诺氟沙星）、甲硝唑连续饮水5天。2周后病鸭基本康复。

4）全群采用TMP+0.2%氟苯尼考饮水，每天饮水3次，连饮5~7天。饲料中添加多维，连喂5~7天。同时加强通风换气和消毒。

十一、鸭球虫病

鸭球虫病是一种由鸭球虫引起的鸭的原虫病，主要侵害鸭的肠道，以出血性肠炎为主要特征，发病率和死亡率均很高。各日龄鸭只均可感染，以雏鸭最为严重，常引起急性死亡。患病鸭生长缓慢，一年四季均可发病，以夏、秋两季最为严重。

【临床症状】 急性感染2~3周龄的雏鸭，精神委顿、缩颈垂翅、食欲废绝、喜卧、渴欲增加、腹泻，常排出暗红色或深红色血便（图1-94），常在发病后2～3天内死亡。能耐过的病鸭于发病的第4天恢复食欲，但生长发育受阻，增重缓慢。而慢性球虫病，则无明显症状，偶尔见有拉稀。

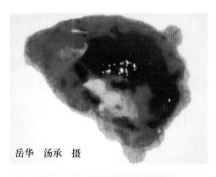

岳华 汤承 摄

图1-94 病鸭排出血样粪便

【剖检病变】 剖检急性死亡的病鸭，可见小肠弥漫性出血，肠管病变严重，肠壁肿胀，出血（图1-95、图1-96）；黏膜上密布针尖大小的出血点（图1-97、图1-98），有的见有红白相间的小点，肠道黏膜粗糙，黏膜上覆盖着一层糠麸样或奶酪状黏液，或有浅红色或深红色胶冻样带血黏液；有些病鸭盲肠黏膜出血，或有胶冻状黏液，呈浅红色或深红色，未见形成肠芯（图1-99）。

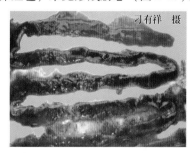

刁有祥 摄

图1-95 小肠内充满红色内容物

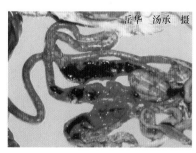

岳华 汤承 摄

图1-96 肠管内充满大量血凝块

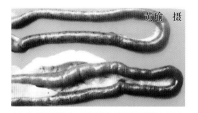

黄瑜 摄

图1-97 小肠外观可见大量出血点

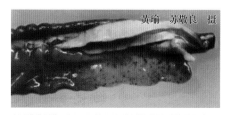

黄瑜 苏敬良 摄

图1-98 十二指肠黏膜有大量针尖大小出血点

【类症鉴别】 诊断本病应与鸭坏死性肠炎、鸭瘟和鸭伪结核病等相鉴别。

（1）与鸭坏死性肠炎的鉴别 详见"鸭坏死性肠炎的类症鉴别"第3条。

（2）与鸭瘟的鉴别 鸭瘟1月龄以下的雏鸭发病较少，成年鸭较为严重，而急性鸭球虫病多发生于2～3周

黄瑜 摄

图1-99 盲肠内容物呈红色血样便

龄的雏鸭；鸭瘟表现头部肿大、嗉囊积液、呼吸困难，而鸭球虫病无此现象；鸭瘟排绿色或灰白色水样稀便，而鸭球虫病主要排出暗红色或深红色血便；鸭瘟食道黏膜有纵行排列的灰黄色伪膜覆盖，其伪膜易剥离，泄殖腔黏膜覆盖一层灰褐色或绿色的坏死结痂，且不易剥离，而鸭球虫病无此病理变化；鸭球虫病的小肠上经浆膜可清晰地看到针尖大小出血点和白色坏死点，剖开肠管可见其内容物呈浅红色或咖啡色，而鸭瘟则无此变化；取肠内容物经饱和盐水漂浮法集卵后，用低倍镜暗视野下观察，如果看到大量球虫卵囊，则为鸭球虫病。

（3）与鸭伪结核病的鉴别 鸭伪结核病很少发生，未见有大面积流行的报道，但是雏鸭易感，一旦发生多呈急性败血性经过，死亡率可高达45%，而鸭球虫病属于常见多发病，急性发病的雏鸭（2～3周龄）死亡率一般在20%；鸭伪结核病剖检可见脾脏肿大，肺脏水肿，内脏器官散在有黄白色或灰白色小结节，切面呈干酪样，肝脏最严重，心包积液呈浅黄红色，心内膜有出血点或出血斑，气囊增厚、浑浊，而鸭球虫病则无这些病理变化；鸭伪结核病还可见肠壁增厚，肠壁上有黄白色较大的坏死结节，小肠黏膜出血，而鸭球虫病肠壁上可见有大量针尖大小出血点和白色坏死点，肠管内可见大量浅红色或咖啡色内容物。

【临床用药】 鉴于本病是由于鸭食入含鸭球虫卵囊的饲料或饮水而感染发病的。因此，首先要做好养鸭场的内外环境卫生及污物的处理工作，如舍内勤换垫草，地面垫新土或新沙，并尽可能保持干燥。网上平养时，一要注意鸭只落入网下，因其踏踩粪便污染过道，饲养员再踏踩过

道上的粪便,从而再污染饲料;二要防止其他物品盖住网眼,造成鸭粪意外堆积。及时清除粪便,堆肥发酵以消灭虫卵和其他病原微生物。保持饲养与饮水设施的清洁卫生;防止饲养员乱窜鸭舍,场内谢绝参观,以免从外面带进球虫卵囊及其他病原微生物。在球虫病流行季节,当饲养达到12日龄的雏鸭,可将以下磺胺药中任一种按比例混于饲料中,连喂5天,停3天,再喂5天,可预防暴发球虫病。

(1)磺胺六甲氧嘧啶 按0.1%比例混入饲料中,连喂5天。

(2)磺胺甲基异噁唑(新诺明) 按0.1%比例混入饲料,连喂5天。

(3)磺胺甲基异噁唑加三甲氧苄氨嘧啶(又名复方新诺明,以5:1比例) 按0.02%~0.03%比例混入饲料,连喂5天,或按0.04%比例加入饲料中给药5天,停4天,再给药4天,或连续给药10天,对病情严重的个别鸭可按0.02克/只投药,每天1次,连续3天。

(4)磺胺六甲氧嘧啶加三甲氧苄氨嘧啶(以5:1比例) 按0.02%~0.03%比例混入饲料中,连喂4天,均有良效。

(5)磺胺二甲基嘧啶加三甲氧苄氨嘧啶 按0.02%比例添加于饲料中,连喂5天;也可使用磺胺二甲基嘧啶按0.1%比例混饲,连喂5天;

(6)磺胺五甲氧嘧啶 按0.1%比例加入饲料中,连喂4天;或球虫宁,按0.02%~0.03%比例混入饲料中,连喂3~5天。

(7)30%磺胺氯吡嗪钠(三字球虫粉) 按0.03%混入水中,连饮3天,或克球多(0.05%)、球痢灵(0.0125%)等混饲,可避免磺胺药物产生耐药性或引发磺胺出血综合征。

(8)氨丙啉 按每千克体重10毫克混料,连喂3天。也可用20%安宝乐水溶性粉,在25千克水中加入30克安宝乐水溶性粉(相当于每千克水含240毫克氨丙啉),连续饮用3~5天,现配现用。

十二、住白细胞原虫病

住白细胞原虫病是由西氏住白细胞原虫引起的家禽的一种急性高度致死性原虫病。住白细胞原虫寄生在家禽的白细胞和红细胞内,引起血细胞的严重破坏。本病的传播媒介主要是蚋或库蠓,多发生于每年的7月,本病对幼雏的致病性强,可造成大批死亡。

【临床症状】 雏鸭发病后,精神委顿,体温升高,食欲消失,渴欲增加，流涎；体重下降，贫血，下痢呈浅黄色；两肢轻瘫，走路不稳，全身衰弱，常伏卧地上；呼吸急促，流鼻液和流泪，眼睑粘连；成年鸭感染后呈慢性经过，表现为不安和消瘦。

【剖检病变】　病死鸭肌肉苍白，胸肌、腿肌、心肌及胰腺上可见到小的出血点，多数内脏器官及肠系膜和浆膜上可见到许多含有裂殖子的白色小结节。肝脏、脾脏肿大，呈浅黄色且黯淡无光。肠管发红，其黏膜充血。心包积液，心肌松弛。

【类症鉴别】　诊断本病应与鸭呼肠孤病毒病、鸭疱疹病毒性坏死性肝炎、鸭流感和鸭链球菌病等相鉴别。

（1）与鸭呼肠孤病毒病的鉴别　鸭呼肠孤病毒病主要感染 10～25 日龄的番鸭和樱桃谷鸭，发病率和死亡率均较高，而住白细胞原虫病主要发生于夏、秋蚊蝇比较猖獗的季节，其发病率较低（20% 左右）、小鸭的病死率较高（严重者可高达 70%）；鸭呼肠孤病毒病主要排出白色或浅绿色带有黏液的稀便，而住白细胞原虫病主要排出稀薄的呈浅黄色的绿便；鸭呼肠孤病毒病肝脏肿大，有针尖至米粒大小散在的灰白色坏死灶，脾脏肿大出血、坏死，而住白细胞原虫病肝脏、脾脏肿大，呈浅黄色且暗淡无光泽；住白细胞原虫病胸肌、腿肌、心肌及胰腺上有大小不等的出血点，而鸭呼肠孤病毒病则无此种现象。

（2）与鸭疱疹病毒性坏死性肝炎的鉴别　鸭疱疹病毒性坏死性肝炎一年四季均可发生，发病率和死亡率均很高，而住白细胞原虫病主要发生于夏、秋季节，发病率低，病死率高；鸭疱疹病毒性坏死性肝炎肝、脾脏、胰腺和肠浆膜表面上可见大量灰白色坏死灶，而住白细胞原虫病则无此种现象；住白细胞原虫病胸肌、腿肌、心肌及胰腺上有大小不等的出血点，而鸭疱疹病毒性坏死性肝炎则无此种现象。

（3）与鸭流感的鉴别　鸭流感不分季节、不分年龄、不分品种，发病后均较严重，而住白细胞原虫病主要发生于夏、秋季节，且发病少、死亡率高；鸭流感心肌坏死，肠道淋巴滤泡肿胀、出血，而住白细胞原虫病则无此种现象；鸭流感皮肤充血、出血，脾脏肿大、出血、坏死，胰腺有时可见出血点、白色坏死点或坏死灶，而住白细胞原虫病可见胸肌、腿肌、心肌及胰腺上有大小不等的出血点。

（4）与鸭链球菌病的鉴别　鸭链球菌病无明显季节性，多散发，其发病率高（严重者可达60%~80%），死亡率很低（一般在0.8%~5%），而住白细胞原虫病主要发生于夏、秋季节，发病率低，病死率高；鸭链球菌病可出现明显的神经症状及结膜炎和角膜炎，而住白细胞原虫病仅出现轻微的衰弱现象，无眼疾变化；鸭链球菌病，急性型脾脏肿大呈圆球状，有出血斑点，肝脏肿大、瘀血有少量纤维素性物附着，肺脏瘀血、水肿，肾脏肿大有尿酸盐沉积，心包积液、心包炎、气囊炎，慢性型心脏瓣膜有增生性疣状物，而住白细胞原虫病仅见胸肌、腿肌、心肌及胰腺上有大小不等的出血点，肝脏、脾脏肿大呈浅黄色，无其他明显病理变化；取病死鸭的肝脏、脾脏、血液或皮下渗出液进行涂片，用美蓝（亚甲蓝）、瑞氏或革兰染色镜检，可见蓝、紫色或革兰阳性的单个或短链排列的球菌，则为鸭链球菌病。

【临床用药】

（1）预防

1）消灭中间宿主。在住白细胞原虫流行的地区和季节，应首先消灭其媒介者吸血昆虫库蠓和蚋，方法可用0.2%敌百虫溶液在鸭舍内和周围环境喷洒，也可用0.1%的溴氰菊酯溶液。保持鸭舍的卫生、通风和干燥。禁止将幼雏与成年禽混群饲养，并在饲料中添加预防药物。

2）药物预防。预防用药应在病流行前，可选用磺胺二甲氧嘧啶混料或饮水；磺胺喹㗁啉混料或饮水；乙胺嘧啶0.0001%混料；克球粉0.0125%混料；氯苯胍0.0033%混料。

（2）治疗

处方1：磺胺二甲氧嘧啶0.05%饮水2天，再以0.03%饮水2天。

处方2：乙胺嘧啶0.0005%混料3天。

十三、鸭蛔虫病

鸭蛔虫病是由蛔虫寄生于鸭小肠内引起的一种常见的寄生性线虫病。本病遍及全国各地，常影响雏鸭的生长发育，甚至造成大批死亡。

【临床症状】 雏鸭表现生长发育不良，贫血，消化机能障碍，下痢和便秘交替，有时稀粪中混有带血黏液，严重感染者可造成肠堵塞，导致死亡。

【剖检病变】 小肠黏膜发炎、出血，肠壁上有颗粒状化脓灶或结节。严重感染时可见大量虫体聚集并相互缠结，从而引起肠阻塞（图1-100、

图 1-101），其至肠破裂和腹膜炎。

图 1-100 蛔虫在肠腔内聚集、
相互缠结而引起肠阻塞

图 1-101 空肠肠腔内的大量蛔虫

【类症鉴别】 诊断本病应与鸭绦虫病、禽疟原虫病和禽肠道吸虫病（主要有前殖吸虫病、背孔吸虫病和棘口吸虫病）等相鉴别。

（1）与鸭绦虫病的鉴别 鸭绦虫病多发生于 5 ~ 7 月，感染率较低，发病率较高，死亡率较低，而鸭蛔虫病的感染率较高，发病率和死亡率均很低；鸭绦虫病排灰白色或浅绿色恶臭稀便并混有黏液和虫体孕卵节片，而鸭蛔虫病多表现下痢与便秘交替发生，有的稀粪中混有带血的黏液；剖检病鸭或病死鸭，在肠道内看到虫体，或者生前在鸭粪便中看到绦虫节片或蛔虫的虫体，即可确诊。

（2）与禽疟原虫病的鉴别 禽疟原虫病的病原为禽疟原虫，中间宿主为禽，终末宿主为蚊，病鸭表现体温升高、呼吸困难，而鸭蛔虫病体温一般正常，无呼吸道症状；如果对病鸭采血涂片、染色镜检，禽疟原虫病可见到进入红细胞的滋养体，而鸭蛔虫病的血涂片无明显变化。

（3）与禽肠道吸虫病的鉴别 禽肠道吸虫病，前殖吸虫有两个中间宿主，第一中间宿主为淡水螺，第二中间宿主为蜻蜓，所以，前殖吸虫病与蜻蜓出现季节（5 ~ 6 月）有关，前殖吸虫寄生于鸭的输卵管、法氏囊、直肠和泄殖腔内，但主要引起输卵管严重的病理变化，故在输卵管黏膜表面可发现虫体；背孔吸虫的中间宿主为淡水螺，寄生于鸭的盲肠或小肠内引起病鸭拉稀如水或如胶样，严重病例稀粪中混有血液，剖检病死鸭除在盲肠和直肠黏膜上发现虫体外，同时还可看到小肠和直肠黏膜呈现糜烂，或呈卡他性肠炎；棘口吸虫的中间宿主为淡水螺，蝌蚪为补充宿主，成虫寄生于鸭的小肠、盲肠、直肠和泄殖腔而引起下痢，粪便中带有黏液和血丝，剖检可见病死鸭的盲肠、直肠和泄殖腔呈现出血性炎症，黏膜出现点状出血，并在黏膜上附着大量虫体，肠内容物充满黏液。鸭蛔虫病的临床症状及病理变化较吸虫病轻微，很容易在胃肠道内发现蛔虫虫体。

【临床用药】

处方1：丙硫苯咪唑（抗蠕敏），按每千克体重20毫克的剂量，一次投服。

处方2：左旋咪唑，按每千克体重20～30毫克，一次口服。

处方3：驱蛔灵（枸橼酸哌哔嗪），按每千克体重250毫克，一次拌料内服。

处方4：驱虫净，按每千克体重40～60毫克，一次拌料内服。

处方5：甲苯达唑，每吨饲料添加30克，混匀后连喂7天。

十四、鸭绦虫病

鸭绦虫病是由某些绦虫（如矛形剑带绦虫、冠状膜壳绦虫、片形皱褶绦虫等）寄生于鸭的小肠内引起的。虫体一般长5～20厘米，为白色或灰黄色、扁平、带状或面条状而分节的蠕虫（图1-102），虫体由一个头节和多个体节构成，容易识别。绦虫的成虫在鸭的小肠内随粪便排出，虫卵与孕卵节片在水中被中间宿主剑水蚤吞食后，逸出六钩蚴，并发育成似囊尾蚴，鸭吞食含有似囊尾蚴的剑水蚤或带虫螺蛳即被感染。

【临床症状】 病鸭精神沉郁，食欲减少，生长迟滞，贫血消瘦，粪便稀薄，混有黏液，甚至排出恶臭的稀粪；常离群独处，翅膀下垂，羽毛蓬乱，有的病鸭则出现步态不稳、两腿无力向后坐倒或一侧跌倒，不能起立、歪颈仰头、卧地做划水动作等神经症状；发病后一般经1～5天死亡。有时因温度、气候等骤变的影响而使大量幼鸭突然死亡。

【剖检病变】 病鸭消瘦，小肠肿胀，剖开可见大量绦虫（图1-103），不肿大的肠道内也可见绦虫。小肠发生卡他性肠炎，肠黏膜发红出血，其他浆膜和黏膜组织也常见大小不一的出血点，心外膜出血最为明显。

【类症鉴别】 诊断本病应与鸭蛔虫病和禽肠道吸虫病（主要有前殖吸虫病、背孔吸虫病和棘口吸虫病）等相鉴别。

（1）与鸭蛔虫病的鉴别 详见"鸭蛔虫病的类症鉴别"第1条。

（2）与禽肠道吸虫病的鉴别 详见"鸭蛔虫病的类症鉴别"第3条。如果在鸭粪便中看到绦虫节片或在肠道内看到虫体，方可诊断为鸭绦虫病。

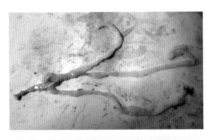

图 1-102　虫体为白色及灰黄色、扁平、带状分节的蠕虫

图 1-103　小肠内可见大量绦虫

【临床用药】

1）雏鸭与成年鸭分开饲养，剑水蚤在不流动的死水里较多，因此要在流动的水域中放养鸭，幼鸭和成年鸭要分开饲养、放养。对感染的鸭群要有计划地进行药物驱虫，以防止散播病原。3 月龄内的雏鸭最好实行舍饲。

2）每年对鸭群定期进行 2 次驱虫，一次在春季鸭群下水前，一次在秋季终止放牧后。

3）平时发现虫体，随时驱虫。驱虫办法如下：

① 硫双二氯酚（硫氯酚），每千克体重 150～200 毫克，一次喂服。

② 吡喹酮，每千克体重 10 毫克，一次喂服。

③ 氯硝柳胺，每千克体重 50～60 毫克，一次喂服。

④ 槟榔碱，配成 0.1% 的水溶液，每千克体重用药 1～1.5 毫升，一次灌服。

⑤ 南瓜子，煮沸脱脂打成细粉，按雏鸭 5～10 克、成鸭 10～20 克拌料喂服。

鸭群驱虫前，应限食 12 小时，宜在清晨进行投药。鸭粪应收集堆积发酵处理，以防散播病原。

第二章

鸭呼吸系统疾病的鉴别诊断与防治

第一节 呼吸系统疾病的发生因素及感染途径

一、疾病的发生因素

（1）**生物性因素**　包括病毒（如鸭坦布苏病毒、鸭流行性感冒病毒、鸭副黏病毒、鸭呼肠孤病毒及鸭肝病毒等）、细菌（如鸭疫里默氏杆菌、多杀性巴氏杆菌、大肠杆菌、沙门菌、李氏杆菌及梭菌等）、真菌（曲霉菌病等）、支原体（禽败血支原体等）及寄生虫（鸭球虫、住白细胞原虫、蛔虫、绦虫等）等。

（2）**环境因素**　主要是指鸭舍内外环境及卫生状况。例如，鸭粪处理不及时，卫生清扫不勤，消毒意识淡薄，特别是在冬、春季节鸭舍通风不良等，均可使鸭群免疫力降低，诱发某些呼吸系统疾病的发生。假设鸭舍通风换气不到位甚至不重视，可造成鸭舍内空气污浊，使有害气体超标及灰尘乱飞，舍内灰尘可成为病毒和细菌的载体，长时间飘浮积聚大量病原体，吸入鸭呼吸道造成呼吸道感染。水面放养鸭场，水质及其周围环境的好坏可直接影响鸭群呼吸系统疾病发生的严重程度及频率。

对发病后的病死鸭没有及时进行无害化处理，或收病死鸭的人员及场外其他无关人员随意进出鸭场甚至鸭舍，在这种情况下便加重了病原微生物对环境的污染，从而使鸭呼吸系统疾病一次又一次甚至一批又一批地发生或迁延。

（3）**饲养管理因素**　如果鸭舍内的温度及湿度控制不到位，特别是在小鸭饲养阶段，温差太大、湿度过低或过高，均可损伤鸭呼吸道黏膜而引发呼吸系统疾病。饲养密度不仅与鸭的发育状况有关，还与鸭呼吸系统疾病有密切关系。

(4) 气候因素　天气骤变、大风降温、高温高湿、昼夜温差过大等常可诱发呼吸系统疾病。

(5) 应激因素　应激可以导致许多疾病的发生，如免疫、转群、断水、停电、拥挤、噪声、鼠害、火灾、水灾等应激因素。

(6) 免疫因素　例如，免疫程序不合理，疫苗剂量随意增减，不关注疫苗质量等，均可使易感病原微生物侵袭鸭呼吸系统从而引发严重的鸭呼吸系统疾病。

二、疾病的感染途径

鸭属于禽类，禽类呼吸系统除了上呼吸道及肺以外还有多个气囊，呼吸道黏膜及气囊表面是鸭与环境间接触的重要部分，对各种微生物、化学毒物和尘埃等有害物质起着重要的防御机能。呼吸器官（包括气囊）在生物性、物理性、化学性、应激等因素的破坏下，以及其他组织器官疾病的影响下，削弱或降低呼吸道黏膜的屏障防御作用和机体的抵抗能力，导致外源性的病原菌、呼吸道常在病原（内源性）的侵入及大量繁殖，引起呼吸系统的炎症等病理反应，进而造成呼吸系统疾病。

第二节　呼吸困难的诊断思路及鉴别诊断要点

一、诊断思路

呼吸困难是基本临床特征的症候群，因此呼吸困难（呼吸窘迫）是呼吸功能不全的一个重要标志，客观上表现为呼吸频率、深度、节律和方式的改变。当发现鸭群中出现以鸭呼吸困难为主要临床表现的病鸭时，首先应考虑的是引起呼吸系统（肺源性）的原发性疾病，同时还要考虑引起鸭呼吸困难的其他高热性疾病时的败血症、中毒性疾病、肾脏疾病、心脏及血液性疾病、寄生虫病等原因。鸭的呼吸系统疾病主要是由于生物性因素、环境因素和饲养管理不当引起的，在鸭呼吸困难的诊断上要特别注意。

二、鉴别诊断要点

引起鸭呼吸困难的常见疾病的鉴别诊断要点，见表2-1。

表2-1　引起鸭呼吸困难的常见疾病的鉴别诊断要点

病名	易感年龄	流行特点	发病率	死亡率	临床特点	呼吸系统病变	其他脏器病变
鸭霍乱	各日龄鸭均可感染并发病，但成年鸭最易感	无明显季节性，但天气变化时，特别在秋季或秋冬之交流行较为严重；呈散发性或地方性流行，成年鸭在收购和运输过程中易暴发；病鸭和带菌鸭是主要传染源；主要通过消化道和呼吸道传播	1月龄鸭发病率高	1月龄鸭死亡率可达50%	潜伏期为数小时至5天；最急性型多为肥胖和高产的成年鸭，多在奔跑中、交配时、产蛋后或夜间无前驱症状、突然死亡；急性型可见沉郁、怕水、体温高、下颌肿胀、怕水、食少喜饮、呼吸困难、排稀绿便、减蛋壳变薄；慢性型可见关节炎、鼻窦炎、贫血消瘦、持续腹泻等	气管出血，肺脏瘀血、出血，呈红黑色；慢性型可见鼻腔、鼻窦内及气管呈卡他性炎症	肝脏肿大呈棕黄色，有大量针尖大小的灰白色坏死点；脂肪严重出血，心内、十二指肠呈现急性卡他性或慢性炎症；肠壁水肿、内有浑浊的液体
鸭变形杆菌病	多发生于3~30日龄的雏鸭	多见于冬、春寒冷季节和春夏之交的潮湿季节；有时并发或继发于其他常见鸭病	日龄越小其发病率越高，一般为47.6%	日龄越小死亡率越高，据报道病死率可达38.4%	沉郁、减食、伸颈、呼吸急促、张口喘息、咳嗽、鼻流黏液、口流涎；体温高，站不稳，排白色、绿色或黄绿色稀便	喉头和气管黏膜出血，气管内有黏液或有干酪样物；肺脏瘀血、出血，水肿，切面呈大理石样	有心包炎、气囊炎；肝周炎和腹膜炎，脾脏肿大，肝脏出血，胆囊紫张，肠管呈紫红色，黏膜坏死脱落

（续）

病名	易感年龄	流行特点	发病率	死亡率	临床特点	呼吸系统病变	其他脏器病变
鸭传染性窦炎	各日龄的鸭均可感染，但以2~4周龄的雏鸭最易感	一年四季均可发生，以秋末冬初和春季较寒冷的季节多发。病鸭和带菌鸭是重要的传染源。本病可经呼吸道传播，也可经种蛋垂直传播。饲养管理不当、气候多变、鸭舍潮湿、通风不良、密度过大及各种应激，均可诱发本病的发生	40%~60%	1%~2%，有的高达10%，若有并发症可达20%~30%	病初甩头、不安、打喷嚏，眼内有泡沫性液体或黏液性分泌物，流浆液性或黏液性鼻液。一侧或双侧眶下窦肿胀，触之柔软有波动感。呼吸不畅，常发出"咕咕"声	上呼吸道内有浑浊黏稠状或卡他性渗出物；气管壁渗出增多，附有黄白色干酪样渗出物；肺脏有黄色渗出物有附着	眶下窦充满浆液性或黏液甚至干酪样分泌物；若与大肠杆菌混合感染，可见纤维素性心包炎和肝周炎
鸭衣原体病	各种日龄鸭均可感染发病，但以1日龄雏鸭及5~7周龄鸭只最为严重	一年四季均可发生，以秋、冬和春季多发。传染源是病鸭和带菌鸭。本病主要经空气传播，也可经皮肤外伤而感染。若饲养管理不善或并发症则可加重本病流行。本病原可感染人，引起沙眼和性病	10%~80%	一般30%，严重时可达50%以上	病程较长，多为10~30天。病鸭步态不稳，不食。腹泻排绿色水样便。眼和鼻腔流出浆液性或黏液性分泌物。眼周围羽毛粘连至结痂成块。最后，连羽色纤维素性粘消瘦、衰竭、痉挛死亡	鼻炎，鼻腔和气管中有大量黏稠物；气囊壁增厚，可见大量灰白色或灰黄色纤维素性渗出物	还有结膜炎、角膜炎、眶下窦炎、心包炎；肝周炎；肝脏、脾脏肿大偶有坏死点；胸肌萎缩

病名	易感对象	病因	发病率	死亡率	潜伏期、病程及症状	病变（一）	病变（二）
鸭曲霉菌病	3周龄内的幼鸭易感，4~12日龄最易感	当幼鸭接触到发霉的垫料、饲料、用具等，便会经过呼吸道或消化道而感染，也可经皮肤伤口感染。幼鸭可群发，成年鸭仅散发	轻者25%，严重者达50%~100%	幼鸭可达90%	潜伏期为2~7天，病程为2~5天，慢性型病例较长。呼吸困难，流浆液性鼻涕。腹泻、消瘦、昏睡	肺脏和气囊上有呈灰白色或淡黄色的针尖大至粟粒大小的结节。	肝脏肿大、脂肪变性、瘀血；有的可在胸骨及胸壁上看到灰白色结节、坏死性脑炎
鸭喉气管炎	各种年龄均可发生	由于受寒感冒，鸭舍潮湿、通风不良，有害气体（如二氧化碳、氨气等）等因素，影响喉气管黏膜功能引起的	极低，轻者自愈	低	精神尚好，食欲减少，鼻流黏液，张口呼吸，驱赶时可见伸颈气喘	喉及气管黏膜轻度充血、水肿，有泡沫状黏液附着	心包积液，胆汁浓稠

第三节 常见呼吸系统疾病的鉴别诊断与防治

一、鸭霍乱

鸭霍乱又称鸭巴氏杆菌病或鸭出血性败血症，是由多杀性巴氏杆菌引起鸭大量发病和死亡的一种接触性、急性败血性传染病。各种家禽和多种野禽都能感染发病，常为散发或呈地方性流行，发病无明显的季节性，各种日龄的鸭均可感染。

【临床症状】 本病的潜伏期为 12 小时至 3 天，按病程长短可分为最急性型、急性型和慢性型 3 种类型。

（1）最急性型 常见于流行初期，无明显症状，吃食或饮水时突然倒地死亡。

（2）急性型 病鸭精神呆滞、行动缓慢、不愿下水、羽毛松乱易湿、食欲缺乏、饮欲增加、体温升高，倒提病鸭时有大量的恶臭液体从口和鼻流下，病鸭常摇头，故又称"摇头瘟"。病鸭拉白色或铜绿色稀粪，少数鸭两脚瘫痪，不能行走，1~3 天内死亡。

（3）慢性型 由毒力弱的毒株复壮，或由急性型病例演变而来，常存在于状况不良的鸭场，表现为消瘦、下痢、鼻炎、关节炎。病程稍长者可见局部关节肿胀，病鸭发生跛行或完全不能行走，还见到掌部肿如核桃大，切开见有脓性和干酪样坏死。蛋鸭产蛋减少。

【剖检病变】 最急性型病例往往无明显的剖检病变，有时仅能见到肠炎和心冠脂肪出血。急性型病例明显的剖检病变为急性败血症，心包内充满透明的橙黄色渗出物，心冠脂肪和心内、外膜出血（图 2-1、图 2-2）；肝脏、脾脏肿大，质地变脆，表面密布有大量的针尖大小的圆形灰白色坏死点（图 2-3、图 2-4）；鼻腔黏膜充血或出血，肺脏呈多发性肺炎，间有气肿和出血；肠浆膜出血（图 2-5），肠腔内出血，以小肠前段和十二指肠黏膜充血和出血最为严重（图 2-6），小肠后段和盲肠较轻；肠内容物呈胶冻样，肠黏膜脱落，肠淋巴结环状肿大、出血呈环状；有的腹部皮下脂肪出血，产蛋鸭卵泡出血、破裂。慢性型病例表现为关节肿大，内含粉红色炎性分泌物和干酪样物质。

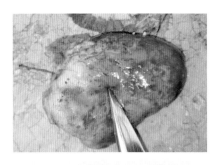

图 2-1 心冠脂肪及心外膜出血

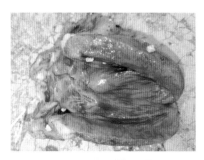

图 2-2 心内膜出血

图 2-3 肝脏表面密布有大量
灰白色针尖大小的坏死点

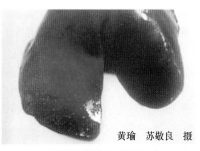

黄瑜 苏敬良 摄

图 2-4 肝脏表面有大量
白色坏死点

胡薛英 摄

图 2-5 肠浆膜斑点状出血

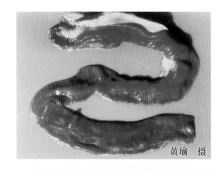

黄瑜 摄

图 2-6 十二指肠严重出血

【类症鉴别】 诊断本病应与鸭流感、鸭瘟、鸭呼肠孤病毒病、鸭沙门菌病、鸭传染性窦炎、鸭链球菌病、鸭变形杆菌病、鸭隐孢子虫病、鸭葡萄球菌病、鸭丹毒、鸭衣原体病、鸭疱疹病毒性坏死性肝炎和磺胺类药物中毒等相鉴别。

（1）与鸭流感的鉴别 详见"鸭流感的类症鉴别"第6条。

（2）与鸭瘟的鉴别 详见"鸭瘟的类症鉴别"第2条。

（3）与鸭呼肠孤病毒病的鉴别 详见"鸭呼肠孤病毒病的类症鉴别"第3条。

（4）与鸭沙门菌病的鉴别 详见"鸭沙门菌病的类症鉴别"第1条。

（5）与鸭传染性窦炎的鉴别 鸭传染性窦炎主要发生于2~4周龄的雏鸭，冬、春寒冷季节多发，本病可经呼吸道传播，也可经种蛋垂直传播，其发病率较高，但死亡率较低，而鸭霍乱不分年龄和季节均可发生，但多发生于季节交替的时候且成年鸭最易感，主要通过消化道和呼吸道水平传播，其发病率较高，如果治疗不及时则病死率也高；鸭传染性窦炎病初甩头、不安、打喷嚏，眼内有泡沫性液体或黏液性分泌物，流浆液性或黏液性鼻液，一侧或双侧眶下窦肿胀，触之柔软有波动感，而鸭霍乱却很少看到此种现象，其主要表现为气喘，下颌水肿，排稀绿便；鸭传染性窦炎眶下窦充满浆液性或黏液性甚至干酪样分泌物，若与大肠杆菌混感，可见纤维素性心包炎和肝周炎，而鸭霍乱却很少看到此种现象，其主要变化有肝脏肿大呈棕黄色且有大量针尖大小灰白色坏死点，脂肪严重出血，心内、外膜出血，十二指肠呈现急性卡他性或出血性炎症，慢性型关节肿大且内有浑浊的液体。

（6）与鸭链球菌病的鉴别 鸭链球菌病雏鸭多发，成年鸭也可感染，无明显季节性，多散发，其发病率较高，但死亡率却很低，而鸭霍乱多发生于春夏或秋冬交替季节且成年鸭最易感，其发病率较高，如果治疗不及时则病死率也高；鸭链球菌病排灰绿色稀便，后期排黑色稀便，精神委顿、伏地、闭眼、流泪，出现结膜炎和角膜炎，头部震颤、跛行、两脚无力、步态蹒跚易跌倒，最后完全麻痹，濒死前痉挛呈角弓反张，两脚游泳状划动，而鸭霍乱主要排稀绿便，因败血症而呈现安静死亡，一般不会出现上述神经症状；鸭链球菌病急性型脾脏肿大呈圆球状，有出血斑点，肝脏肿大、瘀血，有少量纤维素性物附着，肺脏瘀血、水肿；肾脏肿大有尿酸盐沉积；心包积液、心包炎、气囊炎，慢性型心脏瓣膜有增生性疣状物，而鸭霍乱主要表现为肝脏肿大且有大量坏死点，脾脏轻度肿大，肺脏瘀血、出血、水肿，十二指肠黏膜明显出血；如果用病死鸭的肝脏或肺脏触片、革兰染色、镜检，可见链球菌为革兰阳性球菌，而多杀性巴氏杆菌则为革兰阴性小杆菌。

（7） 与鸭变形杆菌病的鉴别 鸭变形杆菌病多发生于3～30日龄的雏鸭，多见于冬、春寒冷季节和春夏之交的潮湿季节，有时并发或继发于其他常见鸭病，日龄越小其发病率和死亡率就越高，而鸭霍乱虽然与鸭变形杆菌病的发病季节相似，但其主要发生于成年鸭，很少发生于雏鸭，不过雏鸭一旦发病则死亡率会很高，即在一夜之间可造成大批死亡；鸭变形杆菌病和鸭霍乱在临床症状和呼吸系统的病变非常相似，但鸭变形杆菌病有心包炎、肝周炎、气囊炎和腹膜炎的剖检变化，而鸭霍乱则有肝脏肿大，其表面可见大量灰白色坏死点和脂肪严重出血的现象。

（8） 与鸭隐孢子虫病的鉴别 鸭隐孢子虫病主要是8周龄内的雏鸭发病，病程较长，多在10天左右死亡，成年鸭可带虫而无明显的临床症状，本病多发生于温暖潮湿的8～9月，鸭场的卫生条件越差则流行本病的机会就越大，而鸭霍乱主要发生于成年鸭，急性型病程较短，多于1～2天内死亡，季节交替时易发；鸭隐孢子虫病主要表现呼吸道和消化道症状，即鼻流浆液性液体、甩头、咳嗽、气喘且可闻喉鸣音，粪便多呈白色或浅黄色的水样下痢，而鸭霍乱也有咳嗽和气喘的现象，但还有下颌水肿、排绿色稀便；鸭隐孢子虫病多在呼吸道或消化道等虫体寄生部位呈现卡他性及纤维素性炎症，如双侧眶下窦内含有大量浅黄色液体，呼吸道黏膜水肿、内有黏液性及泡沫状渗出物，肺脏腹侧面出现瘀血、出血、水肿，气囊呈云雾状浑浊，小肠黏膜充血、内有积液，泄殖腔和法氏囊黏膜水肿、内有黏液，而鸭霍乱主要可见脂肪严重出血、肝脏肿大、有坏死灶，整个肺脏出血、水肿，十二指肠黏膜出血、水肿等；用生前呼吸道分泌物在饱和白糖溶液中将卵囊浮集，镜检时可观察到卵囊，则为鸭隐孢子虫病；如果用病死鸭的肝脏或脾脏进行触片、瑞氏染色、镜检观察到大量两端浓染的小杆菌，则为多杀性巴氏杆菌所致的鸭霍乱。

（9） 与鸭葡萄球菌病的鉴别 鸭葡萄球菌病主要是因创伤后感染发病，本病不分品种和年龄，但雏鸭多呈现脐炎和急性败血症，成年鸭多呈现关节炎，而鸭霍乱的病原多杀性巴氏杆菌为条件性致病菌，主要是由于饲养管理失宜或有某些疾病的存在造成鸭只抗病能力降低，从而诱发鸭霍乱，本病也不分品种和年龄，主要发生于成年鸭，多因败血症而死亡；鸭葡萄球菌病在雏鸭可见胸腹部及腿内侧皮下浮肿呈紫黑色有血样渗出液，成年鸭多见跗关节和趾关节肿胀呈紫红色或紫黑色，而鸭霍乱则无此症状；鸭葡萄球菌病在雏鸭表现肝脏和脾脏肿大且有脓性白色坏死灶，有的肺脏呈黑红色，紫黑色的皮下有红色胶冻样水肿液，成年患病鸭的关节囊内可见浆液性、纤维素性甚至干酪样渗出物，而鸭霍乱无此剖检变化，其主要表现是肝脏肿大且有大量坏死点，脾脏轻度肿大，肺脏瘀血、出血、水肿，脂肪出血，十二指肠黏膜出血。

（10）与鸭丹毒的鉴别 鸭丹毒多发生于 2～3 周龄的幼鸭，成年鸭较少发生，主要是通过伤口感染，多为散发且鸭发生本病的概率较低，一旦发病，病死率多在 25% 左右，而鸭霍乱是鸭的常见多发病之一，并且常发生于成年鸭，也多为散发；鸭丹毒临床表现全身虚弱，精神沉郁，有时下痢呈黄绿色，呼吸急促，体温升高（43.5℃），常于病后 1～2 天内猝死，而鸭霍乱也多有上述症状，但是还表现下颌肿胀，排稀绿便，不愿下水等临床症状；鸭丹毒剖检时，如果将全身羽毛拔光后可见皮肤表面有许多大小不等、形态不一的出血斑或广泛性的红斑，病死鸭可从口、鼻内流出暗黑色血样液体，脾脏肿大、质地变软呈紫黑色，肝脏、肺脏、心脏和肠道的病理变化与鸭霍乱很相似，但鸭霍乱还可见下颌皮下水肿，脂肪（如心冠脂肪、肠系膜脂肪等）严重出血，卵泡严重出血，慢性型鸭霍乱可见关节肿大，关节腔内有浑浊的液体。

（11）与鸭衣原体病的鉴别 鸭衣原体病一般很少导致其暴发和流行，因为鸭对本病病原鹦鹉衣原体具有较强的抵抗力，多数呈阴性感染，通常幼鸭比成年鸭易感，而鸭霍乱多发生于成年鸭且多为散发，但本病有时可引起雏鸭或幼鸭的暴发和流行；鸭衣原体病可见鼻炎即鼻腔和气管中有大量黏稠物，气囊炎即囊壁浑浊增厚，还有结膜炎、角膜炎、眶下窦炎、心包炎、肝周炎、腹膜炎，而鸭霍乱的上述炎症轻微，甚至没有，主要表现为脂肪出血、肝脏有大量坏死点、心脏出血等剖检变化。

（12）与鸭疱疹病毒性坏死性肝炎的鉴别 鸭疱疹病毒性坏死性肝炎主要发生于 8～90 日龄，番鸭以 10～32 日龄多发，半番鸭以 50～75 日龄多发；麻鸭多发生于产蛋前后，一年四季均可发生，发病率和死亡率均很高，但麻鸭均很低，而鸭霍乱在各种年龄均可感染并发病，但成年鸭最易感，无明显季节性，但天气变化时，特别在秋季或秋冬之交流行较为严重，发病率和死亡率均比较高；鸭疱疹病毒性坏死性肝炎的病鸭精神沉郁，软脚，常蹲伏，无规则地摇摆头部，有的出现扭颈或转圈等神经症状，严重腹泻，排白色或绿色稀便，沾污肛门周围的羽毛，而鸭霍乱最急性型多为肥胖和高产的成年鸭，多在奔跑中、交配时、产蛋后发病或夜间无前驱症状突然死亡，急性型可见沉郁、怕水、体温高、下颌肿胀、呼吸困难、排稀绿便、产蛋减少且薄壳蛋增多，慢性型可见关节炎、鼻窦炎、贫血、消瘦、持续腹泻等；鸭疱疹病毒性坏死性肝炎可见肝脏、脾脏、胰腺、肾脏和肠浆膜表面上有大量灰白色坏死灶，肠腔内充满大量黏液，在十二指肠和直肠处常见到出血点或环状出血，而鸭霍乱可见肝脏肿大呈棕黄色并有大量针尖大小灰白色坏死点，脂肪严重出血，心内、外膜出血，十二指肠呈现急性卡他性或出血性炎症，慢性型关节肿大且内有浑浊的液体；用病死鸭的肝脏触片、心包液涂片，革兰染色或美蓝染色，鸭霍乱可见有许多两极染色的卵圆形小杆菌；用病死鸭的肝脏和心包液接种鲜血培养基能分离到巴氏杆菌，而鸭疱疹病毒性坏死性肝炎均为阴性。

（13）与磺胺类药物中毒的鉴别 磺胺类药物急性中毒时表现兴奋不安、摇头、共济失调、痉挛、麻痹等神经症状，慢性中毒表现羽毛松乱、食欲减退、饮欲增加，继而腹泻或便秘，严重贫血，可视黏膜苍白或黄染，产蛋量下降，软壳蛋和薄壳蛋增多，而鸭霍乱常见精神沉郁、呼吸困难、下颌肿大、排稀绿便等，一般不会出现磺胺类药物中毒时的脑神经症状；磺胺类药物中毒时可见皮下、胸肌、大腿内侧肌肉明显出血，肝脏肿大呈黄红色有散在出血斑和坏死灶，肾脏肿大呈土黄色有出血斑且输尿管有尿酸盐，脾脏肿大有出血点和灰白色梗死区，骨髓变为黄红色，而鸭霍乱则无此病理变化；用病死鸭的肝脏、脾脏进行触片、瑞氏染色、镜检，如果看到大量两端浓染的小杆菌，则为多杀性巴氏杆菌所致。

【临床用药】

（1）预防

1）加强饲养管理。做到雏鸭、中鸭、成年鸭分群饲养，不从疫区引进鸭。鸭在非疫区引进后要先隔离饲养 15 ~ 20 天，确认无病后才能转入场内。周围地区发生疫情时，应停止放牧，并立即接种禽霍乱疫苗。

2）保持鸭舍干燥、清洁、卫生，提高鸭的抗病力。

3）疫苗预防。在鸭霍乱多发地区和季节，使用疫苗预防。2月龄以上的鸭肌内注射2毫升禽霍乱氢氧化铝灭活苗，8~10天后再用1次，免疫期为3个月以上；或用禽霍乱弱毒疫苗免疫注射，免疫期可达4个月。

（2）治疗 一旦发病，应立即封锁鸭群，对全群鸭及可疑病鸭及时隔离并治疗，用药量要足。

处方1：青霉素，每只鸭肌内注射5万~10万单位，每天2次，连用2~3天。或链霉素，每只成年鸭肌内注射10万单位，每天2次，连用2~3天。

处方2：土霉素，每只鸭每天用土霉素片（25万单位）1片，连用3~5天，也可在饲料中添加0.05%连喂数天。

处方3：饲料中添加0.5%~1%的磺胺二甲氧嘧啶（或按0.1%的比例添加在饮水中），连用3~4天。或复方新诺明（或长效磺胺），每只成年鸭用0.2~0.3克，每天1次，连用3~4天。或喹乙醇，以30克/千克体重的剂量拌于饲料中混服，每天1次，连服3~5天即可获得良好的疗效。

处方4：苦木0.3克、一见喜0.6克、旱莲草1.2克，煎水调入饲料中喂服。

处方5：明矾30克、雄黄45克、甘草18克，共研末拌料饲喂。

处方6：山楂、钩藤、宝花、淡竹叶、茵陈、荆芥、耳草各500克，煎水喂服。

处方7：穿心莲50克、石菖蒲50克、花椒100克、山叉苦50克、童手梅50克、山芝麻100克、大黄50克、金银花50克、黄檗50克、黄梦50克、野菊花100克、甘草30克，水煎取汁或混合粉碎，按1%混入饲料中投喂，连用2~3天。

处方8：茵陈100克、半支莲100克、日花蛇舌草200克、大青叶100克、蕾香50克、当归50克、生地150克、车前子50克、赤芍50克、甘草50克（为100只鸭3天的用量），水煎取汁，分3~6次饮服或拌入饲料，病重不食者灌服少量药汁。

处方9：黄连20克、黄芪20克、黄檗20克、栀子20克、薄荷30

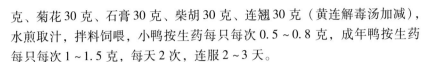

克、菊花 30 克、石膏 30 克、柴胡 30 克、连翘 30 克（黄连解毒汤加减），水煎取汁，拌料饲喂，小鸭按生药每只每次 0.5 ~ 0.8 克，成年鸭按生药每只每次 1 ~ 1.5 克，每天 2 次，连服 2 ~ 3 天。

处方 10：藿香 30 克、黄连 30 克、苍术 60 克、大黄 30、黄芪 30 克、乌梅 60 克、厚朴 60 克、黄檗 30 克、板蓝根 8 克。除了大黄、乌梅分别研末另包外，余药共研细末，混匀将药末拌入饲料内喂服，每只成年鸭治疗药为每次 1 ~ 1.5 克，预防量减半，每天 2 次。病初用大黄不用乌梅，如发现已腹泻 3 天，用乌梅不用大黄。预防时，大黄、乌梅同用。

> ⚠ 【注意】 其他防治方案可参考鸭传染性浆膜炎、鸭大肠杆菌病、鸭沙门菌病等的治疗方案。

二、鸭变形杆菌病

鸭变形杆菌病是由奇异变形杆菌引起的雏鸭的一种散发性的细菌性传染病，临床诊断上以咳嗽、张口呼吸、气管及肺脏出血为特征。过去本病少有发生，人们也常认为变形杆菌为环境污染菌或条件致病菌，然而近些年来随着养鸭场规模及鸭群饲养密度的加大，本病单一感染或混合感染时有发生，不容忽视。鸭、鸡等均可感染发病，多发生于 3 ~ 30 日龄的雏鸭。本病多见于冬、春寒冷季节和春夏之交的潮湿季节。

【临床症状】 病鸭的主要表现为体温升高、呼吸急促、张口呼吸、打喷嚏、咳嗽、流涎，排白色或绿色稀粪，常污染后躯羽毛。

【剖检病变】 喉头和气管黏膜出血，气管内充满大量的干酪样物或积有血凝块（图 2-7、图 2-8）；肺脏水肿、弥漫性出血或瘀血（图 2-9），切面呈大理石样；心包增厚呈灰白色，心包液常有纤维素性渗出物；肝脏、脾脏肿大，稍出血，肝脏表面有灰白色或黄白色纤维素性薄膜覆盖，胆囊扩张；气囊炎，气囊壁上附有大量的干酪样物（图 2-10）；腹膜有纤维素性渗出物；肠黏膜坏死脱落，肠管呈紫红色。

【类症鉴别】 诊断本病应与鸭霍乱、鸭传染性窦炎、鸭大肠杆菌病、鸭沙门菌病、鸭流感和鸭隐孢子虫病等相鉴别。

(1) 与鸭霍乱的鉴别 详见"鸭霍乱的类症鉴别"第 7 条。

图 2-7　气管内有干酪样渗出物

图 2-8　气管内有血凝块，黏膜出血

图 2-9　肺脏瘀血、出血、水肿

图 2-10　气囊壁上有大量大小
不一的干酪样渗出物

（2）与鸭传染性窦炎的鉴别　鸭传染性窦炎与鸭变形杆菌病的易感鸭群、流行病学及多个临床症状都比较相似，但鸭传染性窦炎可见到一侧或双侧眶下窦肿胀，触之柔软有波动感，剖检可见眶下窦充满浆液性或黏液性甚至干酪样分泌物，而鸭变形杆菌病则无此现象；鸭传染性窦炎上呼吸道内有浑浊黏稠状或卡他性渗出物，气囊壁浑浊增厚，附有黄白色干酪样渗出物，肺脏有黄色渗出物附着，而鸭变形杆菌病的呼吸道变化较严重，喉头和气管黏膜出血，气管内有黏液或血块或干酪样物，肺脏瘀血、出血、水肿，切面呈大理石样。

（3）与鸭大肠杆菌病的鉴别　鸭大肠杆菌病一般不分年龄、不分季节、经常发生，发病率较低但病死率较高，而鸭变形杆菌病多发生于 3～30 日龄的雏鸭，多见于冬、春寒冷季节和春夏之交的潮湿季节，其发病率偏高但病死率偏低；鸭大肠杆菌病排古铜色或灰绿色恶臭稀便，内含白色黏

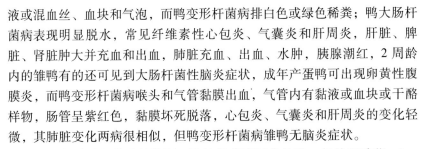

液或混血丝、血块和气泡，而鸭变形杆菌病排白色或绿色稀粪；鸭大肠杆菌病表现明显脱水，常见纤维素性心包炎、气囊炎和肝周炎，肝脏、脾脏、肾脏肿大并充血和出血，肺脏充血、出血、水肿，胰腺潮红，2周龄内的雏鸭有的还可见到大肠杆菌性脑炎症状，成年产蛋鸭可出现卵黄性腹膜炎，而鸭变形杆菌病喉头和气管黏膜出血，气管内有黏液或血块或干酪样物，肠管呈紫红色，黏膜坏死脱落，心包炎、气囊炎和肝周炎的变化轻微，其肺脏变化两病很相似，但鸭变形杆菌病雏鸭无脑炎症状。

(4) 与鸭沙门菌病的鉴别　鸭沙门菌病不分品种、年龄和季节，1～3周龄最易感，成年鸭多呈隐性经过，而鸭变形杆菌病多发生于3～30日龄的雏鸭，多见于冬、春寒冷季节和春夏之交的潮湿季节；鸭沙门菌病初期粪便呈稀粥状后为带气泡的黄绿色稀便或带有白色黏液或血丝，常沾于肛门处，干涸后出现糊肛，而鸭变形杆菌病排白色、绿色或黄绿色稀便；鸭沙门菌病的消化系统变化较明显，即肝脏肿大呈青铜色且常见到细小的灰黄白色坏死灶，脾脏肿大有针尖大小坏死点，肠黏膜充血、出血，在肠浆膜表面有时看到大量灰白色瘤状结节，慢性型病例可见肠黏膜坏死呈糠麸样变化，盲肠肿胀且常有干酪样栓子，而鸭变形杆菌病呼吸道变化较明显，即喉头和气管黏膜出血，气管内有黏液或血块或干酪样物，肺脏瘀血、出血、水肿，切面呈大理石样。

(5) 与鸭流感的鉴别　鸭流感不分年龄和品种，一年四季均可发生，其发病率和死亡率均较高，往往突然发病，同群传播较快，而鸭变形杆菌病常见于冬、春寒冷季节和春夏之交的潮湿季节，3～30日龄的雏鸭多发，其发病率偏高但病死率偏低；鸭流感心肌坏死，脾脏肿大、出血、坏死，胰腺有出血点和白色坏死点，肠道淋巴滤泡肿胀、出血，卵泡变性、出血甚至破裂造成新鲜的腹膜炎，而鸭变形杆菌病肺脏瘀血、出血、水肿，切面呈大理石样，还有心包炎、肝周炎、气囊炎和腹膜炎，脾脏肿大、稍出血，胆囊扩张。

(6) 与鸭隐孢子虫病的鉴别　鸭隐孢子虫病主要是8周龄内的雏鸭发病，成年鸭可带虫而无明显的临床症状，有明显的季节性，多发生于温暖潮湿的8～9月，鸭场的卫生条件越差就越易发生本病，而鸭变形杆菌病主要发生于3～30日龄的雏鸭，常见于冬、春寒冷季节和春夏之交的潮湿季节；鸭隐孢子虫病主要表现流浆液性鼻液、甩头、咳嗽、气喘且可闻喉鸣音，粪便多呈白色或浅黄色的水样下痢，而鸭变形杆菌病也表现呼吸急促、张口呼吸、打喷嚏、咳嗽，多排白色、绿色或黄绿色稀便；鸭隐孢子虫病多在呼吸道或消化道等虫体寄生部位呈现卡他性及纤维素性炎症，如双侧眶下窦内含有大量浅黄色液体，呼吸道黏膜水肿、内有黏液性及泡沫状渗出物，肺脏腹侧面出现瘀血、出血、水肿，气囊呈云雾状浑浊，小肠黏膜充血、内有积液，泄殖腔和法氏囊黏膜水肿、内有黏液，而鸭变形杆菌病喉头和气管黏膜出血，气管内有黏液或血块或干酪样物，肠管呈紫红色且黏膜坏死脱落，可出现轻微的心包炎、气囊炎和肝被膜炎的变化；如果用有病鸭生前的呼吸道分泌物在饱和白糖溶液中将卵囊浮集，镜检时能看到卵囊，可定为鸭隐孢子虫病。

【临床用药】

（1）预防　鸭场要注意对雏鸭，特别是30日龄以内的雏鸭做好防寒、保暖等护理工作，以提高鸭群自身的抵抗力，鸭场要强化卫生管理制度，定期打扫、清洗和消毒场地用具等。

（2）治疗

1）加强隔离和消毒发病鸭，并对鸭舍进行严格的消毒，更新垫料，清洁栏舍，用0.5%～1%菌毒灭进行场地栏舍消毒，并在鸭场的出入口建立消毒设施，严防因行人、交通工具相互传播。

2）药物治疗。

处方1：1～10日龄的雏鸭每只用庆大霉素5000～8000国际单位，青霉素6万国际单位；11～20日龄的小鸭每只肌内注射庆大霉素2万国际单位，青霉素20万国际单位，每天2次，连用2天。

处方2：硫酸红霉素（强力米先）、施得福、速补等，在饮水中加入硫酸红霉素10克、施得福5克、速补5克，溶于10千克井水让其自由饮用，连用3～5天（同群鸭），病鸭人工灌服该药液每次每只6～8毫升，每天服4次。

处方3：施得福20克、硫酸红霉素50克、霉素碱12.5克、速补75克、复方敌菌净粉50克，溶于50千克井水，供鸭自由饮用，连喂3天（此量为600只10日龄以上的雏鸭，离群不饮水者，人工给予灌服，每次每只8～10毫升，每天4次）。

处方4：新霉素或林可霉素，按0.01%～0.015%拌料饲喂，或按0.005%～0.007%混入饮水中饮用，连用2～3天。

三、鸭传染性窦炎

鸭传染性窦炎又叫鸭支原体病、鸭慢性呼吸道病（简称"慢呼"），是由支原体引起的一种接触性传染病，主要侵害呼吸道。本病特征是发展较慢，病程长，在鸭群中长期蔓延，尤其是在气候多变的季节发病率较高。发生本病后，鸭抵抗力降低，极易并发大肠杆菌病，常造成大批鸭死亡，给养鸭业造成较大的经济损失。

【临床症状】 临床上有败血性霉形体感染和滑液囊霉形体感染，但是上述两种霉形体病混合感染的情况比较常见。

（1）败血性霉形体感染 病鸭常打喷嚏，从鼻孔内流出浆液性或黏液性渗出物，在鼻孔周围形成结痂（图2-11），气喘且频频摇头。发病后期，可见眶下窦积液或有干酪样渗出物，一侧或两侧肿胀（图2-12），逐渐消瘦。种鸭产蛋率、受精率、孵化率均降低，陆续发生死亡。

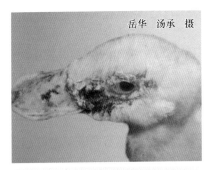

图2-11 眼、鼻中流出浆液性及黏液性渗出物

图2-12 病鸭眶下窦出现无痛性肿胀

（2）滑液囊霉形体感染 病鸭跛行，跗关节肿胀，逐渐消瘦、死亡，病死鸭可见跗关节的关节腔内有浑浊渗出液，其他关节腔和胸部滑液囊也可见大量浑浊性渗出液积聚。

【剖检病变】 剖检病死鸭喉头、气管处有黏液，气管出血；鼻窦肿胀、充血；气囊浑浊，明显增厚，囊腔内有浅黄色渗出物（图2-13），有的病鸭在气囊上有斑状浑浊物（图2-14）；肺脏瘀血；肝脏、脾脏包膜上有一层灰白色渗出物形成薄膜；心包浑浊、增厚、不透明，附有大量纤维素性渗出物；肠内充满气体，小肠黏膜出血，盲肠扁桃体出血，直肠黏膜出血。

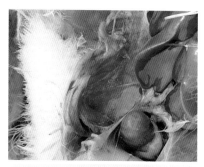

图 2-13　气囊浑浊，有浅黄色
　　　　　渗出物附着

图 2-14　气囊上附着有大量
　　　　　干酪样渗出物

【类症鉴别】　诊断本病应与鸭霍乱、鸭变形杆菌病、鸭疫里默氏杆菌病、鸭大肠杆菌病、鸭衣原体病、鸭瘟、鸭链球菌病和鸭隐孢子虫病等相鉴别。

（1）与鸭霍乱的鉴别　详见"鸭霍乱的类症鉴别"第 5 条。

（2）与鸭变形杆菌病的鉴别　详见"鸭变形杆菌病的类症鉴别"第 2 条。

（3）与鸭疫里默氏杆菌病的鉴别　鸭疫里默氏杆菌病其急性型多发生于 2～3 周龄，亚急性型或慢性型多发生于 4～8 周龄，8 周龄以上很少发病，其发病率和死亡率均高，而鸭传染性窦炎各日龄的鸭均可感染，但以 2～4 周龄的雏鸭最易感，一年四季均可发生，但也是以秋末冬初和春季较寒冷的季节多发，其发病率较高但死亡率较低；鸭传染性窦炎在病初可见甩头、不安、打喷嚏，眼内有泡沫性液体或黏液性分泌物，流浆液性或黏液性鼻液，一侧或双侧眶下窦肿胀，触之柔软有波动感，而鸭疫里默氏杆菌病则无上述症状；鸭疫里默氏杆菌病呈现严重的急性纤维素性心包炎、肝周炎、气囊炎、脑膜炎、结膜炎及输卵管炎等，脾脏肿大呈斑驳状，表面有灰白色坏死点，而鸭传染性窦炎主要可见眶下窦充满浆液性或黏液性甚至干酪样分泌物，如果与大肠杆菌混合感染时方可见到纤维素性心包炎和肝周炎，但不会出现脑膜炎的变化。

（4）与鸭大肠杆菌病的鉴别　鸭大肠杆菌病不分年龄和季节均可感染发病，但以雏鸭最易感，即 7～45 日龄最严重，其发病率较低但病死较高，而鸭传染性窦炎也不分年龄和季节均可感染，但在寒冷季节以 2~4 周龄的雏鸭最易感，其发病率较高但死亡率却较低；鸭大肠杆菌病排古铜色或灰绿色恶臭稀便，内含白色黏液或混血丝、血块和气泡，肛门周围常有干涸粪便，而鸭传染性窦炎主要表现呼吸系统的症状，如打喷嚏、甩头，眼内有泡沫性液体或黏液性分泌物，流浆液性或黏液性鼻液，一侧或双侧眶下窦肿胀等；鸭大肠杆菌病常见纤维素性心包炎、气囊炎和肝周炎、肝脏、脾脏、肾脏肿大并充血和出血，肺脏充血、出血、水肿，胰腺潮红，而鸭传染性窦炎主要见眶下窦充满浆液性或黏液性甚至干酪样分泌物，但本病极易继发或混合感染鸭大肠杆菌，从而表现鸭大肠杆菌病的炎症变化。

（5）**与鸭衣原体病的鉴别**　鸭衣原体病和鸭传染性窦炎的流行病学、发病率和死亡率比较相似，但二者的易感日龄不同，鸭衣原体病主要发生于 5~7 周龄的鸭只，而鸭传染性窦炎以 2~4 周龄的雏鸭最易感；病程较长多为 10~30 天；鸭衣原体病患病鸭步态不稳，不食，腹泻排绿色水样稀便，而鸭传染性窦炎一般不会出现此症状；二者均可出现眼和鼻腔流出浆液性或黏液性分泌物及眶下窦炎，但鸭传染性窦炎可见眶下窦高度肿胀且触之有波动感，而鸭衣原体病则表现轻度眶下窦炎；鸭衣原体病剖检可见气囊炎、心包炎、肝周炎和腹膜炎，而鸭传染性窦炎如果没有继发大肠杆菌或与之混合感染，则仅表现气囊炎变化。

（6）**与鸭瘟的鉴别**　详见"鸭瘟的类症鉴别"第 5 条。

（7）**与鸭链球菌病的鉴别**　鸭链球菌病雏鸭多发，成年鸭也可感染，无明显季节性，多散发，其发病率较高死亡率很低，而鸭传染性窦炎各日龄的鸭均可感染，但以 2~4 周龄的雏鸭最易感，寒冷季节多发，其发病率也高死亡率也较低；鸭链球菌病表现精神委顿、昏睡，头部震颤，跛行，两脚无力，步态蹒跚易跌倒，最后完全麻痹，濒死前痉挛呈角弓反张，两脚游泳状划动，而鸭传染性窦炎无上述症状，其主要表现为眼和鼻腔流出浆液性或黏液性分泌物及眶下窦炎；鸭链球菌病急性型脾脏肿大呈圆球状，有出血斑点，肝脏肿大、瘀血有少量纤维素性物附着，肺脏瘀血、水肿，肾脏肿大有尿酸盐沉积，心包积液、心包炎、气囊炎，其慢性型心脏瓣膜有增生性疣状物，而鸭传染性窦炎主要出现气囊炎。

（8）**与鸭隐孢子虫病的鉴别**　鸭隐孢子虫病主要是 8 周龄内的雏鸭发病，成年鸭可带虫而无明显的临床症状，多发生于温暖潮湿的 8~9 月，而鸭传染性窦炎主要发生于 2~4 周龄的雏鸭，且寒冷季节多发；鸭隐孢子虫病主要表现流浆液性鼻液、甩头、咳嗽、气喘且可闻喉鸣音，而鸭传染性窦炎也表现呼吸道相似的症状，但还出现一侧或双侧眶下窦肿胀，触之柔软有波动感；鸭隐孢子虫病多在呼吸道或消化道等虫体寄生部位呈现卡他性及纤维素性炎症，如呼吸道黏膜水肿、内有黏液性及泡沫状渗出物，肺脏腹侧面出现瘀血、出血、水肿，气囊呈云雾状浑浊，小肠黏膜充血内有积液，泄殖腔和法氏囊黏膜水肿、内有黏液，而鸭传染性窦炎上呼吸道内有浑浊黏稠状或卡他性渗出物，气囊壁浑浊、增厚且附有黄白色干酪样渗出物，肺脏有黄色渗出物附着，眶下窦充满浆液性或黏液性甚至干酪样分泌物；如果用病鸭生前的呼吸道分泌物在饱和白糖溶液中将卵囊浮集，镜检时能看到卵囊，可定为鸭隐孢子虫病。

【临床用药】 鸭支原体对泰乐菌素、氟哌酸（诺氟沙星）、强力霉素（多西环素）、利高霉素、泰妙菌素、新霉素等抗生素较敏感，同时为了防止形成耐药性，用药量要充足，一般连续使用 3~7 天。最好选用 2~3 种抗生素联合或交替使用，在同一鸭场中，种鸭和后代雏鸭应使用不同的抗生素，以免长期使用产生耐药性。

1）泰乐菌素和磺胺二甲氧嘧啶合剂，每 100 克加水 400~500 千克，供其自由饮用 3~5 天。

2）复方阿奇霉素可溶性粉（含阿奇霉素、罗红霉素、硫酸黏杆菌素、增效剂等）用于饮水时，每 50 克加水 250 千克，用于拌料时，每 50 克加料 100 千克，每天 1 次，连用 3~5 天。

3）疫区内的新生雏鸭可采用以下药物防治：恩诺沙星按每升水 50~100 毫克加水混饮，连用 3~5 天；复方氟苯尼考可溶性粉按每升水 100~200 毫克加水混饮，连用 3~5 天；盐酸环丙沙星可溶性粉按每升水 500 毫克加水混饮或按每 100 千克饲料 100 克拌料混饲，连用 3~5 天；吉他霉素预混剂按每 100 千克饲料 10~30 克拌料混饲，连用 5~7 天。

4）在以上用药的基础上，也可配合一些清热解毒、清肺止咳、收敛止泻的中草药，方剂：栀子 100 克、黄芩 100 克、桔梗 100 克、金银花 100 克、连翘 100 克、板蓝根 100 克、辛夷 100 克、知母 80 克、黄檗 80 克、细辛 80 克、白头翁 100 克、甘草 80 克，共研细末混匀，按 2% 添加到饲料内，连用 5 天。

四、鸭衣原体病

衣原体病又称鹦鹉热或鸟疫，是由鹦鹉热亲衣原体引起的一种接触传染性疾病，也是畜禽和人类共患的传染病。本病可以通过呼吸道传染给人，使人发生一种类似流感样的传染病，如发高热、流鼻液和流泪等，养鸭者应注意防范。不同年龄的鸭对本病的易感性不同，一般幼龄鸭较成年鸭易感。衣原体传染给鸭和在鸭之间的传播主要是通过空气途径经呼吸道而感染的，也可垂直传播。

【临床症状】　病初表现为眼结膜潮红，流泪，眼周围的羽毛潮湿，粪便呈黄绿色，水样腹泻，气味恶臭。接着，病鸭眼睑肿胀，眼部分泌物由水样转为黏稠状，甚至出现脓性分泌物，有的病鸭鼻部也有脓性分泌物。眼周围的羽毛粘连，有的病鸭眼睑被脓性分泌物粘连而闭合。扒开眼睑，可见眼结膜发生严重的炎性水肿，眼球被浅灰色的分泌物所覆盖。病鸭常因失明而无法觅食，十分瘦弱。

【剖检病变】　眼结膜发炎，病程长者眼球萎缩。肌胃角质层及内容物呈绿色，肠壁稍增厚，肝脏稍肿大，病程长者明显肿大，微黄，肝周发炎。脾脏缩小，病程长的则稍肿大，全身性浆膜炎如心包炎、肝周炎及气囊炎等。病程长的还可见到胸肌萎缩。

【类症鉴别】　诊断本病应与鸭瘟、鸭大肠杆菌病、鸭疫里默氏杆菌病、鸭霍乱、鸭沙门菌病、鸭曲霉菌病和鸭链球菌病等相鉴别。

(1) 与鸭瘟的鉴别　详见"鸭瘟的类症鉴别"第 6 条。

(2) 与鸭大肠杆菌病的鉴别　详见"鸭大肠杆菌病的类症鉴别"第 3 条。

(3) 与鸭疫里默氏杆菌病的鉴别　详见"鸭疫里默氏杆菌病的类症鉴别"第 8 条。

(4) 与鸭霍乱的鉴别　详见"鸭霍乱的类症鉴别"第 11 条。

(5) 与鸭沙门菌病的鉴别　鸭沙门菌病的发生不分品种、年龄和季节，1~3 周龄最易感，成年鸭多呈隐性经过，而鸭衣原体病各种日龄鸭也均可感染病，但以 5~7 周龄鸭只最为严重；鸭沙门菌病病初粪便呈稀粥状，后为带气泡的黄绿色稀便或带有白色黏液或血丝，常沾于肛门处，干涸后出现糊肛，而鸭衣原体病病程较长，多为 10~30 天，病鸭步态不稳，腹泻排绿色水样稀便，眼和鼻腔流出浆液性或黏液性分泌物，眼周围羽毛粘连至结痂成块；鸭沙门菌病卵黄吸收不良，肝脏肿大呈青铜色且常见细小的灰黄白色坏死灶，脾脏肿大有针头大坏死点，肠黏膜充血、出血，有时在肠浆膜表面看到大量灰白色瘤状结节，慢性型病例可见肠黏膜坏死呈糠麸样变化，盲肠肿胀且其内常有干酪样栓子，而鸭衣原体病可见鼻炎，其鼻腔和气管中有大量黏稠物，还可见结膜炎、角膜炎、眶下窦炎、心包炎、肝周炎、腹膜炎，肝脏和脾脏肿大、偶有坏死点。

（6）与鸭曲霉菌病的鉴别　鸭曲霉菌病以 3 周龄内的幼鸭易感，4 ~ 12 日龄最易感，幼鸭可群发，成年鸭仅散发，潜伏期为 2 ~ 7 天，病程为 2 ~ 5 天，而鸭衣原体病以 5 ~ 7 周龄鸭只最为严重，病程较长，多为 10 ~ 30 天，但幼鸭病程较短，多为 3 ~ 7 天；鸭曲霉菌病肺脏和气囊上有灰白色或浅黄色的针尖至粟粒大小的结节，而鸭衣原体病则无此变化；鸭曲霉菌病除呼吸道以外的其他组织器官的病理变化较轻，而鸭衣原体病几乎出现全身性病变，有鼻炎或眶下窦炎、结膜炎、角膜炎且偶见全眼球炎，还有肝周炎、气囊炎等，还可见腹腔、心包腔和气囊内有大量灰白色或灰黄色纤维素性渗出物。

（7）与鸭链球菌病的鉴别　鸭链球菌病多为继发病，即常常与一定的应激因素有关，并且常发生内源性感染，无明显季节性，多散发，发病率较高但死亡率很低，而鸭衣原体病多为原发病，一年四季均可发生，但以秋、冬和春季多发，其发病率和死亡率均比较高；鸭链球菌病头部震颤，跛行，两脚无力，步态蹒跚易跌倒，最后完全麻痹，濒死前痉挛呈角弓反张，两脚游泳状划动，而鸭衣原体病则无此症状；鸭急性型链球菌病脾脏肿大呈圆球状，有出血斑点，肺脏瘀血、水肿，肾脏肿大有尿酸盐沉积，慢性型心脏瓣膜有增生性疣状物，而鸭衣原体病则无上述变化，但鸭衣原体病的病理变化多是全身性的且严重，可引起多器官的炎症甚至是纤维素性炎症变化。

【临床用药】

（1）预防　鸟类是鹦鹉热亲衣原体的携带者，因此鸭场内严禁养鸟，防止饲料、饮水被鹦鹉热亲衣原体污染。为防止继发其他疾病，平时应搞好鸭场的消毒工作。应避免与其他鸟类及其排泄物接触，以控制一切可能的传染来源。新引进的鸭必须隔离观察，经确认无病才可合群饲养。由于人类也能感染本病，所以饲养人员和兽医人员必须注意个人防护和防止污染周围的环境。目前本病还没有疫苗用于预防。

（2）治疗 隔离病鸭，病死鸭要深埋或焚烧。及时清理粪便，地面勤洗刷消毒。每天用0.2%过氧乙酸带鸭消毒1次，保持鸭舍的清洁卫生，通风透气。药物治疗如下：

处方1：金霉素，按1%的比例拌料饲喂，连用30～45天，本药不宜饮水和注射。

处方2：强力霉素，按每千克体重75～100毫克胸部肌内注射，在45天内注射8～10次可发挥作用（或每千克体重8～25毫克口服，每天2次，连用30～45天。重病可按每千克体重10～100毫克静脉注射1～2次，然后再予以口服剂量治疗）。

处方3：四环素，按每千克饲料0.2～0.4克混饲，连续饲喂1～3周，另外还可选择泰乐菌素、青霉素、红霉素、多黏菌素B等对病鸭进行注射或按一定比例拌料，全群喂服。

五、鸭曲霉菌病

鸭曲霉菌病是真菌中的曲霉菌引起的多种禽类的真菌性疾病，主要侵害呼吸系统。各种禽类均易感，但以幼禽多发，常见急性、群发性暴发，发病率和死亡率较高，成年禽多为散发。本病的特征是肺脏及气囊发生炎症和形成肉芽肿结节为主，偶见于眼、肝脏、脑等组织，某些曲霉菌还能产生毒素，使鸭中毒而发生痉挛、麻痹或死亡。

【临床症状】 病鸭呼吸困难，伸颈张口气喘；精神抑郁，缩头闭眼，对外界反应淡漠；口腔、鼻腔流出黏液性分泌物，有时呼吸时发出特殊的沙哑声，打喷嚏；食欲减少或拒食，渴欲增加；羽毛蓬松，两翅下垂；有的拉绿色稀粪；最后衰竭致死。

【剖检病变】 主要病变在肺脏和气囊，有时在胸膜和肠系膜，形成特征性的霉菌结节，结节大小不等，为粟粒至绿豆大小，呈黄白色、灰白色或浅黄色（图2-15），质地稍柔软，有弹性，切开后内容物呈干酪样（图2-16），似有层次结构，中心干酪样坏死。肺脏可有黑、紫、灰白色干酪区。气囊浑浊、增厚，可见大小不等的霉菌斑。

【类症鉴别】 诊断本病应与鸭沙门菌病、鸭结核病、鸭伪结核病和鸭衣原体病等相鉴别。

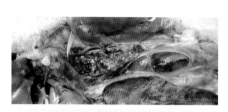

图 2-15　肺脏上出现许多
灰白色的霉菌结节

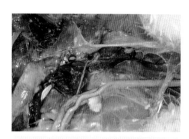

图 2-16　肺脏上有霉菌结节，
气囊上有干酪样物

（1）与鸭沙门菌病的鉴别　详见"鸭沙门菌病的类症鉴别"第6条。

（2）与鸭结核病的鉴别　鸭结核病的潜伏期为2～12个月，各种年龄的鸭均可感染，病程发展缓慢，本病主要侵害消化道、肝脏和胆管，所以，大量的结核杆菌通过粪便、排泄物或分泌物排出体外而污染环境，一年四季均可发生，而鸭曲霉菌病的潜伏期为2～7天，3周龄内的幼鸭易感，4～12日龄最易感，主要通过呼吸道感染，也可通过消化道和外伤而感染，一年四季均可发生，但温暖潮湿的季节更易发病；鸭结核病出现进行性消瘦，特别是胸肌萎缩最为明显，当出现肠道结核时会出现顽固性下痢，最后极度衰竭死亡，而鸭曲霉菌病主要出现呼吸道变化，表现张口呼吸，鼻流浆液性分泌物，腹泻并迅速消瘦，多于2～5天内死亡；鸭结核病的特征性病变是肝脏肿大，出现灰黄色或黄褐色、大小不一、数量不等且质地坚实的结节，严重病例的肝脏几乎被结节所代替，外观极像肿瘤，但切开结节有一层包膜且内含黄白色干酪样内容物，也可在脾脏、肠道或肠系膜上出现结核结节，肠系膜上形成"珍珠病"，很少发生于肺脏，而鸭曲霉菌病主要见肺部病变，肺脏、气囊和胸腔浆膜上有针尖至粟粒大小的结节，多为中间凹陷的圆盘状，呈灰白色、黄白色或浅黄色，切面可见干酪样内容物，肺脏可见许多个结节而使肺组织实变，肝脏瘀血和脂肪变性。

（3）与鸭伪结核病的鉴别　鸭伪结核病是由伪结核耶尔森氏杆菌引起的一种以急性败血症和慢性局灶性感染为特征的接触性传染病，本病以持续性短暂的急性败血症为特征，随后便出现慢性局灶性经过，而鸭曲霉菌病是由曲霉菌引起的一种真菌病，多发生于雏鸭，多呈急性暴发，常造成大批死亡，主要表现呼吸困难，腹泻，迅速消瘦，成年鸭常为少数散发；鸭伪结核病主要病变是肝脏、脾脏、肾脏肿大，被膜上有小出血点，表面可见粟粒大小或小米粒大小的黄白色坏死灶或乳白色结节，这种结节还可发生于肺脏、胸肌或肠壁上，但以肝脏最为严重，结节数量多，坏死灶大，且实质中也可见许多干酪样坏死灶，而鸭曲霉菌病主要在肺脏、气囊及支气管发生炎症和小坏死结节。

（4）与鸭衣原体病的鉴别 鸭衣原体病与鸭曲霉菌病的鉴别诊断见"鸭衣原体病的类症鉴别"第6条。

【临床用药】 对于病鸭要及时隔离和消毒，临床上可采用以下方法治疗：

（1）灰黄霉素 每只鸭按500毫克口服，每天2次，连服3天。

（2）碘化钾 每次饮水中加入碘化钾5～10克，还可以将碘1克、碘化钾1.5克溶于1500毫升蒸馏水中，进行咽喉灌服，应现配现用。

（3）制霉菌素 气溶胶吸入或用制霉菌素拌料，每80只鸭用50万单位的制霉菌素，拌入少量饲料中饲喂，每天2次，连喂5天，同时用硫酸铜（1∶3000）饮水，连用5天，并在饲料中添加维生素C粉，每100千克饲料添加100克。

（4）防止继发感染 用0.02%的恩诺沙星饮水，每天2次，同时饮水中添加葡萄糖等，缓解应激，减弱肝脏和肾脏损害，同时注意通风换气。

（5）中草药防治方1 鱼腥草60克，蒲公英、桔梗、筋骨草、山海螺（羊乳）各30克，煎水供50只鸭内服，每天1剂，连服7剂。

（6）中草药防治方2 桔梗250克、蒲公英500克、鱼腥草500克、苏叶500克（1000只鸭用量），煎汤取汁拌料饲喂，每天2次，连用1周，另外在水中添加0.1%高锰酸钾。

（7）中草药防治方3 鱼腥草、金银花、水灯芯、薄荷叶、枇杷叶、车前草、桑叶各100克，明矾30克，甘草60克，煎水喂服（100～200只用量），每天2次，连用3天。

六、鸭喉气管炎

鸭喉气管炎是由非传染性因素引起的疾病，主要由各种理化因素刺激所致。本病的发生主要是由于鸭只受寒、感冒、鸭舍潮湿、通风不良及各种污浊气体（如二氧化碳、氨气等）的刺激而引起喉气管黏膜充血，渗出性增高，致使喉气管黏膜发炎。

【临床症状】 病鸭初期精神尚好，但食欲减少，喜饮水。随后是自鼻孔流出黏液，喉头黏有灰白色黏液，呼吸困难，常常伸颈张口，呼吸时发出"咯咯"声响，特别在驱赶之后，症状尤为明显。当病情恶化时，食欲废绝，几天后死亡。病轻者可自愈。

【剖检病变】 喉及气管黏膜轻度水肿、充血、有点状出血，并有大量带泡沫状黏液附着。心包腔积液，胆汁浓稠。

【类症鉴别】 诊断本病应与鸭霍乱、鸭衣原体病、鸭曲霉菌病和鸭流感等相鉴别。

鸭喉气管炎与上述几种疾病不难鉴别。鸭喉气管炎是由于受寒感冒、鸭舍潮湿、通风不良、有害气体侵袭等因素，从而影响喉气管黏膜的正常功能引起的一种非传染性疾病，发病率和死亡率极低，主要表现轻微的呼吸道症状，剖检可见喉及气管黏膜轻度充血、水肿，有泡沫状黏液附着，有时出现心包积液、胆汁浓稠等变化，而上述几种传染性疾病则表现大批发生，发病急，死亡快，发病率和死亡率均比较高，剖检时除了有呼吸道变化外，尚有其他组织器官的多个特征性变化，很容易与鸭喉气管炎相鉴别。

【临床用药】 平时要加强饲养管理，搞好鸭舍的清洁卫生，通风良好。防贼风，防寒流袭击。病后可选用下列药物进行治疗。

（1）庆大霉素 肌内注射，按每千克体重5毫克（5000单位），每天1次，3天为1个疗程。

（2）丁胺卡那霉素（阿米卡星） 肌内注射，按每千克体重2.5万～3万国际单位。每天1次，连用2～3天。

（3）强力霉素（多西环素） 100千克饲料加入100克或按0.02%～0.08%拌料，按0.02%比例饮水或20～30克兑50千克水。

（4）阿莫西林 按0.02%～0.03%比例饮水，肌内注射，按每千克体重20～50毫克。

（5）麻黄碱 呼吸困难时可以肌内注射麻黄碱注射液，每千克体重1.5毫克。

（6）青霉素、链霉素 肌内注射，按每千克体重5万国际单位，每天1次，3天为1个疗程。

（7）维生素 饲料中添加维生素C、维生素A、微生态制剂。

第三章

鸭神经、运动系统疾病的鉴别诊断与防治

神经、运动系统疾病的概述及发生因素

一、概述

神经系统是机体最广泛、最精密的控制系统，也是整个机体的指挥机构。体内各器官和系统在神经系统的直接或间接调控下统一协调地完成整体功能活动，并对体内、外各种环境变化做出迅速而完善的适应性改变，共同维持正常的生命活动。鸭神经、运动系统疾病主要有鸭病毒性肝炎、鸭坦布苏病毒病、番鸭细小病毒病、鸭疱疹病毒性坏死性肝炎、鸭链球菌病、鸭疏螺旋体病、中暑及营养代谢性疾病等。多种因素可引发神经、运动系统疾病，包括理化因素、体内代谢毒素、营养因素、遗传因素、血液循环障碍等。主要的临床症状包括嗜睡、昏迷、狂躁不安、痉挛、惊厥、瘫痪、共济失调、角弓反张等表现。有人把这种站立不稳、行走摇摆的共济失调现象简称"鸭瘫"。

二、疾病的发生因素

能够引起神经、运动症状的病因多而复杂，综合考虑，可概括为以下几类：

（1）生物性因素　主要包括病毒（如鸭肝炎病毒、流感病毒、坦布苏病毒、番鸭细小病毒、疱疹病毒等）、细菌（如链球菌、脑炎型大肠杆菌、滑膜支原体等）和寄生虫（如鸭球虫、严重的蛔虫感染等），这些因素除引起神经系统病变外，还引起鸭的运动障碍。

（2）营养因素　维生素类如维生素 D、维生素 E、B 族维生素缺乏等不仅可引起鸭神经系统的损害，也会引起运动障碍；日粮中若缺乏维生素 D，

除发生与钙、磷缺乏相同的症状外，还易引起鸭的双肢跛行，严重者关节肿大、麻痹，甚至瘫痪；微量元素如锰元素缺乏能引起骨质疏松、骨骼畸形等发育不良现象，造成滑腱症等。

（3）饲养管理因素 外源性毒物（如一氧化碳、氨气、有机磷农药、霉菌毒素、氟及药物等）引起的中毒。另外，还有胃、肠、肝脏、肾脏等疾病引发的自体中毒。以上均可引起鸭神经系统器质性损害、机械性损伤及感染。强烈刺激能引起鸭只异常反应，如兴奋不安、跳跃乱飞或休克昏迷等。

第二节　神经、运动系统疾病的诊断思路及鉴别诊断要点

一、诊断思路

引起鸭神经、运动系统疾病的病因很多，包括传染病、中毒病、各系统疾病、代谢病、寄生虫病等。在临床诊断时首先要看发病鸭群出现症状的日龄，然后再根据其症状进行鉴别诊断。因此，神经、运动系统功能异常的诊疗也十分复杂，现将主要的诊断思路归纳于表3-1。

表3-1　鸭神经、运动系统疾病的诊断思路

所在系统	损伤部位	临床表现及病理变化	初步印象诊断
神经系统	中枢神经	脑充血、水肿	鸭病毒性肝炎、鸭呼肠孤病毒病、中暑、喹诺酮类药物中毒等
		脑充血、出血、水肿	鸭流感、鸭副黏病毒病、鸭坦布苏病毒病、番鸭细小病毒病等
		脑膜炎、脑实质坏死	大肠杆菌病、鸭疫里默氏杆菌病、食盐慢性中毒等
		脑缺氧	一氧化碳中毒等
消化系统	肝脏	肝细胞变性、坏死	霉菌毒素中毒、磺胺类药物中毒、鸭疱疹病毒性坏死性肝炎等
		肝脂肪变性	鸭疏螺旋体病、脂肪肝综合征等
运动系统	关节	肿大、麻痹、瘫痪	鸭葡萄球菌病、鸭链球菌病、鸭痛风等
	骨骼	骨质疏松、骨骼畸形	日粮中缺乏锰等
		佝偻病、软骨症	日粮中缺乏维生素D、钙、磷等
	肌肉	横纹肌变性、坏死	日粮中缺乏硒和维生素E等

二、鉴别诊断要点

引起鸭神经、运动障碍的常见疾病的鉴别诊断要点，见表3-2。

表 3-2　引起鸭神经、运动障碍的常见疾病的鉴别诊断要点

病名	易感年龄	流行特点或发病因	发病率	死亡率	神经症状	其他临床特点	剖检特点
鸭病毒性肝炎	多发生于3~45日龄，特别是3~17日龄最严重，成年鸭带毒但不发病	一年四季均可发生。病鸭、病愈鸭和成年带毒鸭是主要传染源，主要通过消化道传播	30%~75%，3~7日龄可高达90%	3~17日龄可高达90%~95%，17~25日龄为16%~50%	运动失调、侧卧或仰卧，两脚痉挛性踢蹬，死前全身抽搐，角弓反张，俗称"背脖病"	潜伏期为2~5天。病初精神沉郁、迟缓、昏睡，随排出白色稀便，后期很快出现神经症状	肝脏肿大、质脆易碎，有出血点及出血斑，10日龄以内肝脏呈土黄色或红黄色，10~30日龄肝脏呈灰红色或黄红色；脾脏肿大呈斑驳状
鸭坦布苏病毒病	10~25日龄的肉鸭和产蛋鸭最易感	四季均发，但以秋、冬季节多。带毒鸭、带毒的蚊子、飞鸟、种蛋均可传播	80%以上	2%~10%，如有继发感染，可达30%	雏鸭表现病毒性脑炎症状，如瘫痪、站立不稳、行走呈八字脚，容易翻滚、腹部朝上呈游泳状挣扎	雏鸭采食量下降，还排白色或绿色稀便；育成鸭轻微；产蛋鸭精神尚可，但产蛋量急剧下降	雏鸭脑充血、出血，水肿、肝脏肿大呈积液黄色；青成鸭卵泡变性、充血，出血甚至破裂，脾脏肿大
番鸭细小病毒病	主要发生于3周龄内的雏番鸭	无明显季节性，但冬、春季节多发。病鸭和带毒鸭是主要传染源，其分泌物和排泄物能排出大量病毒，主要通过消化道传播	3周龄内为27%~62%，日龄越小，发病率越高，20日龄后多呈零星发病	3周龄内为22%~43%，日龄越高，死亡率越低	临死前两腿乱划，头颈向一侧扭曲，或两腿麻痹，倒地，衰竭死亡	6日龄内可突然倒地死亡；7~14日龄可见精神委顿、两翅下垂、无力、呆立、气喘、排灰白或浅绿色稀便；两周龄以上拉稀、神沉郁、无力，病愈鸭颈部和尾部脱毛，嘴变短成为僵鸭	空肠中段及后段膨胀，内含一小段灰绿色黏稠松软的黄绿色渗出物；心脏圆而松弛；胰腺肿大，表面有针尖大小的白色坏死点

（续）

病名	易感年龄	流行特点或病因	发病率	死亡率	神经症状	其他临床特点	剖检特点
鸭疱疹病毒性坏死性肝炎	主要发生于8~90日龄。番鸭以10~32日龄多发;半番鸭多发;番鸭以50~75日龄多发于产蛋前后	一年四季均可发生	番鸭80%~100%;半番鸭20%~35%;麻鸭很低,主要表现为产蛋量下降	番鸭60%~95%;半番鸭60%;麻鸭很低	精神沉郁,常蹲伏,无脚,脚跛,软,无规则地摇摆头部,则出现扭颈或转圈的等神经症状	精神委顿,乏力,不愿活动,食欲减少或废绝;严重腹泻,排白色或绿色稀便,沾污肛门周围的羽毛	肝脏、脾脏、胰腺和肠浆膜表面上可见大量灰白色环死灶;肠腔内充满大量黏液,在十二指肠和直肠处常见到出血点或出现环状出血
鸭链球菌病	雏鸭多发,成年鸭也可感染	无明显季节性,多散发;病鸭和带菌鸭是主要传染源;主要通过消化道和呼吸道传播,也可经皮肤外伤感染	严重者可达60%~80%	一般在0.8%~5%	精神委顿,昏睡,头部震颤,跛行,两脚无力,步志瘫痪,渐死后完全麻痹,最前肢呈弓角弓反张,两脚游泳冰状划动	伏地,闭眼,流泪,出现结膜炎和角膜炎,排灰绿色稀便,后期排黑色稀粪	急性型脾脏肿大,呈圆球状,有出血斑点;肝脏肿大、瘀血,有少量纤维素性物附着;肾脏瘀血、水肿;肾脏肿大有尿酸盐沉积;心包积液,气囊炎;慢性型心脏瓣膜有增生性死状物
鸭疏螺旋体病	不分年龄,但雏鸭最易感	5~9月为发病季节,7~8月为发病高峰季节;被软蜱科的波斯锐缘蜱叮伤而感染	较低,多为散发	较低,但病程较长,一般为1~2周	病后期仍在有贫血和黄疸的基础上可见两病鸭头颈震颤,昏睡,两腿麻痹,站立不稳,行走摇摆,逐渐瘫痪,翻倒背朝地	精神沉郁,伏地,闭目;头部皮肤发绀;腹泻,排绿色稀便;粪便呈青草样绿色,外层为蛋清样黏液,中层为绿色,最层是散布的白色块状物	脾脏肿大1~2倍呈斑驳状;肝脏肿大2~3倍呈砖红色;肾脏肿大和坏死点;肾尿酸盐,苍白;输尿管中有尿酸盐沉积,肠胃交界处有出血点;肠腔内有绿色黏液

病名	危害特点	病因	发病率	死亡情况	临床症状	症状表现	病理变化
维生素D缺乏症	雏鸭较严重，可出现一定的死亡率。雏鸭表现为佝偻病；成年鸭表现骨软症	病因较多，如日粮中缺乏维生素D、钙磷比例不当、日光不足、消化障碍或肝脏损伤等	填鸭可达50%以上	雏鸭、成年鸭较高；较低	雏鸭表现两脚无力、蹲伏或站瘫痪，产蛋常呈企鹅状，母鸭两脚变软，常蹲伏	雏鸭生长停滞，易骨折，关节肿大；蛋鸭缺乏2个月后出现产蛋量下降，薄壳蛋、软壳蛋量日益增多，严重者产无壳蛋或只有蛋黄和蛋清流出	雏鸭的肋骨头有球状白色结节，严重者呈"串珠状"，长骨变软、弯曲且不易折断；成年鸭喙和胸骨变软，肋骨与胸骨和肋骨与椎骨结合处内陷呈弧形
维生素B$_1$缺乏症	生长期的雏鸭症状明显，种鸭缺乏维生素B$_1$可造成出壳不久的雏鸭发病	病因有饲料储存不当，特别是储存时间过长，特别是霉变时维生素B$_1$损失较大；还有消化机能障碍或氨丙啉等药物过量	雏鸭发病较多	较低	雏鸭表现胸软无力，强迫行走时易跌倒，头偏向一侧或呈星状；最后出现角弓反张或衰竭而死	雏鸭精神沉郁，羽毛松乱，食欲不振；成年鸭常无明显症状，只是产蛋量下降，种蛋孵化率降低，死胚增加	皮肤呈广泛性水肿，皮下脂肪胶样浸润；肾上腺肥大；生殖器官萎缩；消化道黏膜炎症，十二指肠溃疡；心轻度扩张，右心室扩张
锰缺乏症	生长期雏鸭严重，种鸭累及鸭胚	土壤中缺锰；日粮中缺钙、磷，铁含量过高；维生素B$_2$、维生素B$_{12}$、维生素B$_4$、维生素B$_{11}$等缺乏	雏鸭发病率较高，鸭胚发病率高	鸭胚孵化至将近出壳时死亡率高，其他年龄的鸭死亡率低	雏鸭表现骨短粗症，跗关节明显水肿，刚孵出的雏鸭表现翅、腿弯曲，行走困难；母鸭缺锰时，孵出的雏鸭表现神经机能障碍、运动失调	雏鸭出现骨短粗症，跗关节明显增大；胚体明显水肿，刚孵出的雏鸭骨短粗、腿短粗，头呈球状，下颌短，呈鹦鹉嘴	病鸭横纹肌和脂肪组织萎缩；跗跖骨短粗，跗跖骨向内弯曲，关节和关节腔内有黏性液体流出

一览表（续）

（续）

病名	易感年龄	流行特点或病因	发病率	死亡率	神经症状	其他临床特点	剖检特点
脂肪肝综合征	主要发生于肉用仔鸭和产蛋母鸭	高温季节；高能低蛋白质日或高蛋白质低能饲料；氨基酸、胆碱、B族维生素及维生素E；母鸭产蛋少但采食正常；应激；霉菌；高温潮湿、饮水不足、长期投喂抗生素、遗传因素等	发病率较高，但临床表现轻重不一	肉鸭一般不超过6%，有时可高达20%以上	行动迟缓，卧地不起，不愿下水，强行驱赶常拍翅爬行，随行走迷乱或痉挛而死	死亡鸭只多体况良好或较肥胖。精神不振，采食减少，功能性拉稀；母鸭表现产蛋量剧下降40%，严重者其主翼羽大出血，易脱落，不愿下水	尸体肥胖；肝脏肿大，颜色发黄有油腻感，质脆如泥，肝被膜下有大小不等出现出血点或坏死灶，甚至肝脏破裂大出血，凝块覆盖在肝脏表面似"二重"肝
鸭痛风	不分品种和年龄，但幼鸭易发	冬、春季节多发。蛋白质饲料过高；可溶性钙盐过高；维生素A及维生素B缺乏；饮水不足；某些毒物药物或某些损伤肾脏；某些传染病；母鸭衰老等	鸭低鸡，内脏型痛风的发病较高，甚至可达100%	很低	内脏型痛风病鸭关节型不愿下水，多个关节肿胀、变形、跛行	内脏型痛风排便色稀便，精神差，食少，日渐消瘦，贫血；母鸭产蛋量减少；关节型痛风其关节活动困难，呈蹲坐或独腿站立姿势	内脏型痛风大有大量白色尿酸盐沉积，多个组织器官布满白色粉末状尿酸盐；关节型痛风其关节腔内有白色尿酸盐沉积
中暑	多发生于4周龄的肉鸭和成年鸭	炎热的夏、秋季节，鸭群被阳光直射，或鸭舍内气温过高，再加之拥挤，通风不良，停电等，风雨损坏，舍内湿度过高，就能引起中暑	如果管理不善则发病率会很高	如果处理不及时或治疗不当，则死亡率会很高	双翅张开下垂，颤抖，行走不稳，虚脱痉挛倒地，痉挛而死	体温升高，采食减少，呼吸急促，张口喘气，口渴，排水便。成年蛋鸭产蛋量下降，产薄壳蛋、软壳蛋	肺脏瘀血，水肿；全身静脉瘀血，血液凝固不良；脑膜充血，出血；脑实质水肿，心冠脂肪出血，心内膜及心外膜出血

第三节 常见神经、运动系统疾病的鉴别诊断与防治

一、鸭病毒性肝炎

鸭病毒性肝炎是雏鸭的一种急性高度致死性传染病，简称"鸭肝"，病原是鸭肝炎病毒。本病以发病急、传播快、死亡率高为特征。临床症状以角弓反张为特征，病理变化特点为肝脏肿大和明显出血。本病对雏鸭有较高的致死性，是养鸭业的主要危害疾病之一。本病经常发生于3周龄以内的雏鸭群，3~5周龄的雏鸭也可感染发病，成年鸭能感染，但不发病，成为带毒者。病鸭和带毒鸭是主要传染源，康复的雏鸭可从粪便中排毒1~2个月。鸭蛋无垂直传播本病的作用。本病一年四季都有发生，以冬、春季节发病较多。一次严重的发病流行，发病率达100%，死亡率达90%。

【临床症状】 雏鸭发病时表现精神萎靡、缩脖、翅下垂、不爱活动、行动发呆、常跟不上群、蹲窝、眼半闭、不爱吃食或不食（图3-1）。发病半天到1天即发生全身性抽搐，病鸭多侧卧，头向后背，故有"背脖病"之称。两脚痉挛性地反复踢蹬，有时在地上旋转（图3-2）。一般病鸭出现抽搐后十几分钟即死亡，有的可持续5小时左右才死亡。病鸭的嘴和爪尖呈暗紫色，少数病鸭死前排黄白色或绿色稀粪。也有的雏鸭死亡非常快，一背脖一蹬腿就死了，看不见明显的症状。

图3-1 精神沉郁，不爱活动，喜卧

图3-2 仰卧乱蹬，甚至出现角弓反张

【剖检病变】 本病特征性的病理变化是肝脏瘀血、肿大，质地脆弱，肝脏表面有大小不等的出血点或出血斑（图3-3、图3-4）；10日龄以内发病的雏鸭肝脏常呈土黄色，10～30日龄发病的常呈灰红色或黄红色。胆囊明显肿胀，充满褐色或浅茶色胆汁。脾脏肿大、出血、呈斑驳状（图3-5），肾脏肿大、出血（图3-6），心内、外膜出血（图3-7）。如果并发或继发细菌感染，败血症的变化更加明显。

图3-3 肝脏肿大、瘀血、出血，质地脆弱

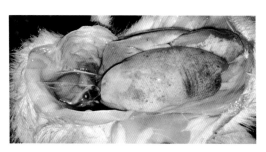

图3-4 肝脏肿大、有出血斑点及刷状出血带

图3-5 脾脏肿大、出血、呈斑驳状

图3-6 肾脏轻度肿大、出血

图3-7 心内、外膜出血

【类症鉴别】 诊断本病应与鸭流感、鸭副黏病毒病、鸭疫里默氏杆菌病、鸭呼肠孤病毒病、鸭疱疹病毒性坏死性肝炎、鸭黄曲霉毒素中毒、一氧化碳中毒、鸭疱疹病毒性出血症和鸭坦布苏病毒病等相鉴别。

(1) 与鸭流感的鉴别 详见"鸭流感的类症鉴别"第 2 条。

(2) 与鸭副黏病毒病的鉴别 详见"鸭副黏病毒病的类症鉴别"第 5 条。

(3) 与鸭疫里默氏杆菌病的鉴别 详见"鸭疫里默氏杆菌病的类症鉴别"第 4 条。

(4) 与鸭呼肠孤病毒病的鉴别 详见"鸭呼肠孤病毒病的类症鉴别"第 6 条。

(5) 与鸭疱疹病毒性坏死性肝炎的鉴别 鸭疱疹病毒性坏死性肝炎主要发生于 8 ~ 90 日龄，番鸭以 10 ~ 32 日龄多发，半番鸭以 50 ~ 75 日龄多发，麻鸭多发生于产蛋前后，一年四季均可发生，番鸭发病率和死亡率高，但麻鸭却很低，而鸭病毒性肝炎多发生于 3 ~ 45 日龄，特别是 3 ~ 17 日龄最严重，成年鸭带毒但不发病，也是一年四季均可发生且不分品种，日龄越小其发病率和死亡率就越高；鸭疱疹病毒性坏死性肝炎表现软脚、蹲伏且无规则地摇摆头部，有的出现扭颈或转圈等神经症状，严重腹泻，排白色或绿色稀便并沾污肛门周围的羽毛，而鸭病毒性肝炎则表现精神沉郁、迟缓、昏睡，排出白色稀便，随后便很快出现神经症状，即运动失调、侧卧或仰卧，两脚痉挛性踢蹬，全身抽搐，死前角弓反张俗称"背脖病"；鸭疱疹病毒性坏死性肝炎肝脏、脾脏、胰腺和肠浆膜表面上可见大量灰白色坏死灶，肠腔内充满大量黏液，在十二指肠和直肠处常见到出血点或环状出血，而鸭病毒性肝炎的肝脏肿大且质脆易碎并有出血点或出血斑，10 日龄以内肝脏呈土黄色或红黄色，10 ~ 30 日龄肝脏呈灰红色，脾脏肿大、呈斑驳状。

(6) 与鸭黄曲霉毒素中毒的鉴别 鸭黄曲霉毒素中毒不分年龄和品种，夏、秋温暖潮湿季节多发，中毒轻重与鸭只年龄和食入的毒量有关，雏鸭严重可出现突然死亡且死亡率很高，表现共济失调，拱背及尾下垂或呈"企鹅状"，腿部和鸭蹼皮下出血呈紫红色，成年鸭多表现腹泻、贫血、消瘦、衰弱，产蛋率和孵化率降低，而鸭病毒性肝炎主要发生于 3 ~ 45 日龄的雏鸭，表现迟缓和昏睡，排出白色稀便，随后便很快出现神经症状，即运动失调、侧卧或仰卧，两脚痉挛性踢蹬，全身抽搐，死前角弓反张，成年鸭带毒但不发病，一年四季均可发生；鸭黄曲霉毒素急性中毒

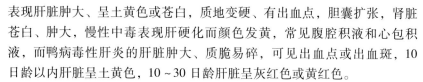

表现肝脏肿大、呈土黄色或苍白，质地变硬、有出血点，胆囊扩张，肾脏苍白、肿大，慢性中毒表现肝硬化而颜色发黄，常见腹腔积液和心包积液，而鸭病毒性肝炎的肝脏肿大、质脆易碎，可见出血点或出血斑，10日龄以内肝脏呈土黄色，10~30日龄肝脏呈灰红色或黄红色。

（7）与一氧化碳中毒的鉴别　一氧化碳中毒表现呼吸困难，表现不安，运动失调，站立不稳，不久即转入呆立、瘫痪、昏迷，死前出现角弓反张、痉挛、抽搐、死亡，而鸭病毒性肝炎多发生于3~45日龄，表现精神沉郁、迟缓、昏睡，排出白色稀便，随后便很快出现神经症状，即运动失调、侧卧或仰卧，两脚痉挛性踢蹬，全身抽搐，死前角弓反张；一氧化碳中毒时的血液呈鲜红色或樱桃红色，肺脏呈鲜红色，出现肺气肿且在肺脏的表面有小出血点，肝脏呈红黄色，而鸭病毒性肝炎的肝脏肿大、质脆并可见出血点或出血斑，10日龄以内肝脏呈土黄色，10~30日龄肝脏呈灰红色或黄红色，肺脏瘀血，脾脏肿大。

（8）与鸭疱疹病毒性出血症的鉴别　鸭疱疹病毒性出血症不分品种，无明显季节性，但阴雨连绵、寒冷或气温骤变时病情严重，主要发生于10~55日龄的鸭群，多为散发，35日龄以前其发病率和死亡率均很高，但35日龄以后逐渐降低，而鸭病毒性肝炎也是一年四季均可发生，也不分品种，多发生于3~45日龄，特别是3~17日龄最严重，日龄越小其发病率和死亡率就越高，成年鸭带毒但不发病；鸭疱疹病毒性出血症表现黑羽，即双翅羽毛管内出血呈紫黑色且易脱落，体端末梢发绀呈紫黑色，口流黄水，多在2~3天内死亡，排白色或绿色稀便，死前呈现角弓反张，而鸭病毒性肝炎无黑羽和发绀的现象，但多排出白色稀便，死前也呈现角弓反张的症状；鸭疱疹病毒性出血症的特征性病变是全身组织器官出血或瘀血，而鸭病毒性肝炎主要是肝脏肿大、呈现红黄色，有明显的点状、条状或刷状出血，肺脏瘀血等。

（9）与鸭坦布苏病毒病的鉴别　鸭坦布苏病毒病主要发生于10~25日龄的肉鸭和产蛋鸭，四季均可发生，但以秋、冬季节严重，发病率较高但死亡率较低，而鸭病毒性肝炎多发生于3~45日龄，特别是3~17日龄最严重，日龄越小其发病率和死亡率就越高，一年四季均可发生；鸭坦布苏病毒病雏鸭表现病毒性脑炎症状，如瘫痪，站立不稳，行走呈八字脚，容易翻滚，腹部朝上呈游泳状挣扎，排白色或绿色稀便，育成鸭症状轻微，产蛋鸭精神尚可，但产蛋量下降，而鸭病毒性肝炎则表现精神沉郁、昏睡，排白色稀便，随后便很快出现神经症状，即运动失调、侧卧或仰卧，两脚痉挛性踢蹬，全身抽搐，死前呈现角弓反张；鸭坦布苏病毒病雏鸭脑充血、出血、水肿，心包积液，肝脏肿大、呈土黄色，育成鸭轻微，产蛋鸭卵泡变性、充血、出血甚至破裂，脾脏肿大，而鸭病毒性肝炎的肝脏肿大、质脆易碎，可见出血点或出血斑，10 日龄以内肝脏呈土黄色，10~30 日龄肝脏呈灰红色或黄红色，脾脏肿大、呈斑驳状。

【临床用药】

（1）预防　对于无母源抗体的雏鸭，在 1~3 日龄用鸭肝炎弱毒疫苗进行免疫 1 次，可有效地预防本病的发生。种鸭在开产前间隔 15 天左右接种两次鸭肝炎弱毒疫苗，之后隔 3~4 个月加强免疫 1 次，可以保证雏鸭具有较高的母源抗体，获得较好的保护。但是对于病毒污染比较严重的鸭场，雏鸭在 10 日龄以后仍有可能被感染，应考虑避开母源抗体的高峰期，加强免疫或注射高免卵黄或血清。

（2）治疗　一旦小鸭发生本病，应迅速采用抗体疗法，即在发病早期用康复鸭血清或高免蛋黄液进行治疗，每只雏鸭皮下或肌内注射 1 毫升。一般注射 1 次，鸭群即见好转，必要时次日再重复注射 1 次，鸭群即可痊愈。

中药防治方 1：羌活、防风、钩藤、苍术、荆芥、薄荷、独活、陈皮、生姜各 20 克，前胡、银花各 10 克，麦芽、神曲各 30 克，山楂 15 克，煎汁拌料喂 100 只雏鸭。每天 1 剂，连用 3 天。

中药防治方 2：茵陈大枣汤，茵陈 30 克、栀子 20 克、连翘 15 克、白术 20 克、葛根粉 15 克、广木香 20 克、薄荷 10 克、甘草 10 克、大枣 20 枚，水煎取汁供 100 只雏鸭 1 天用量，每天分 2 次饮水，连用 3 天。

二、鸭坦布苏病毒病

鸭坦布苏病毒病是由鸭黄病毒科、黄病毒属、恩塔亚病毒群、坦布苏病毒引起的一种传染病，有的称其为鸭病毒性脑炎。本病传播速度快，一般在一周左右可以感染一个养殖小区或者聚养区的所有鸭群，发病急，发病率高，死亡率较低。发病率和死亡率与发病季节有关，与养殖场的管理有关；部分养殖场的青年鸭和雏鸭发病后，死亡率较高，可达 20%。本病主要危害鸭，包括蛋鸭、肉鸭（樱桃谷鸭、北京鸭等）和野鸭，但鸡和番鸭未见发病。

【临床症状】　病程常呈急性经过，产蛋鸭 10～14 天，雏鸭 7～10 天。病鸭表现发热、减食、腹泻、瘫痪、产蛋量减少。鸭群感染初期，饲料减少，发病高峰期废食，持续 3～4 天后采食才逐渐增加。产蛋量急剧减少，可以在 4～5 天内从 90% 减少至 10% 以下。部分病鸭腹泻，粪便稀薄，呈白色和绿色混合水样便（图 3-8、图 3-9）。病鸭双腿瘫痪不能站立，向后或向身体两侧伸展（图 3-10、图 3-11）。雏鸭最早可在 20 日龄左右发病，以神经症状为主，表现站立不稳、倒地不起、步态不稳，病鸭有饮、食欲，但多数因饮水、采食困难衰竭而死。

图 3-8　排出绿色水样便

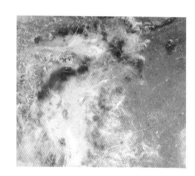

图 3-9　排出白色和浅绿色
水样稀便

图 3-10　双腿瘫痪不能站
立，并向身体两侧伸展

图 3-11　双腿瘫痪站立困难，
欲站时两翅展开

【剖检病变】　肺脏、脾脏、肝脏有出血点（图 3-12～图 3-15）；心脏出血（图3-16、图3-17）；卵泡充血、出血和变性；偶见胰腺出血和坏死；喉头及气管黏膜轻度出血（图3-18、图3-19）；脑膜轻度或严重充血（图3-20、图3-21）；部分鸭只盲肠内容物呈现污绿色或黑色，较臭。

图3-12 脾脏肿大、坏死

图3-13 脾脏轻度肿大、树枝状出血

图3-14 肝脏肿大、瘀血、出血

图3-15 肝脏出现点状出血

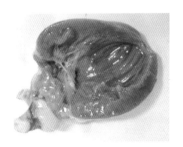

图3-16 心内膜轻度出血

图3-17 心冠脂肪潮红、轻度出血

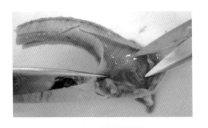

图3-18 喉头黏膜潮红、出血

图3-19 喉头和气管黏膜轻度出血

图3-20 脑膜轻度充血

图3-21 脑膜严重充血、出血

【类症鉴别】 诊断本病应与鸭流感、鸭疫里默氏杆菌病、鸭呼肠孤病毒病、鸭疱疹病毒性坏死性肝炎、鸭病毒性肝炎、番鸭细小病毒病、鸭链球菌病、锰缺乏症、维生素 B_1 缺乏症、氟中毒和中暑等相鉴别。

（1）**与鸭流感的鉴别** 详见"鸭流感的类症鉴别"第 10 条。

（2）**与鸭疫里默氏杆菌病的鉴别** 详见"鸭疫里默氏杆菌病的类症鉴别"第 9 条。

（3）**与鸭呼肠孤病毒病的鉴别** 详见"鸭呼肠孤病毒病的类症鉴别"第 8 条。

（4）**与鸭疱疹病毒性坏死性肝炎的鉴别** 鸭疱疹病毒性坏死性肝炎主要发生于 8～90 日龄，番鸭以 10～32 日龄多发，半番鸭以 50～75 日龄多发，麻鸭多发生于产蛋前后，一年四季均可发生，番鸭和半番鸭的发病率和死亡率均比较高，但麻鸭都很低仅表现产蛋率降低，而鸭坦布苏病毒病主要发生于 10～25 日龄的肉鸭和产蛋鸭，四季均发但以秋冬季节严重，其发病率较高但死亡率较低；鸭疱疹病毒性坏死性肝炎表现软脚、蹲伏，无规则的摇摆头部，有的出现扭颈或转圈等神经症状，而鸭坦布苏病毒病表现站立不稳，行走呈八字脚，容易翻滚、瘫痪，腹部朝上呈游泳状挣扎，产蛋鸭精神尚可但产蛋下降；鸭疱疹病毒性坏死性肝炎肝脏、脾脏、胰腺和肠浆膜表面上可见大量灰白色坏死灶，而鸭坦布苏病毒病则无上述病变，但可见雏鸭脑充血、出血、水肿，心包积液，肝脏肿大、呈土黄色，产蛋鸭卵泡变性、充血、出血甚至破裂。

（5）**与鸭病毒性肝炎的鉴别** 详见"鸭病毒性肝炎的类症鉴别"第9条。

（6）**与番鸭细小病毒病的鉴别** 番鸭细小病毒病主要发生于3周龄内的雏番鸭，无明显季节性，但冬、春季节多发，发病率和死亡率在3周龄内较高，日龄越小则越高，20日龄后零星发病和死亡，而鸭坦布苏病毒病主要发生于10～25日龄的肉鸭和产蛋鸭，也无明显季节性，但以秋、冬季节严重，其发病率较高但死亡率较低；番鸭细小病毒病于6日龄内可突然倒地死亡，临死前两腿乱划，头颈向一侧扭曲或两腿麻痹、倒地、衰竭死亡，7～14日龄可见精神委顿，两翅下垂，无力，呆立，气喘，2周龄以上的病雏鸭表现精神沉郁、无力、拉稀，病愈的鸭只颈部和尾部脱毛，嘴变短成为僵鸭，而鸭坦布苏病毒病表现瘫痪，步态不稳、呈八字脚，容易翻滚、腹部朝上呈游泳状挣扎，产蛋鸭精神尚可但产蛋量急剧下降，1个月后其产蛋率才逐渐恢复；番鸭细小病毒病空肠中、后段膨大、多含有一小段松软的黄绿色黏稠渗出物，心脏圆而松弛，胰腺肿大，表面有针尖大的白色坏死点，而鸭坦布苏病毒病的雏鸭可见脑充血、出血、水肿，心包积液，肝脏肿大、呈土黄色，产蛋鸭卵泡变性、充血、出血甚至破裂。

（7）**与鸭链球菌病的鉴别** 鸭链球菌病雏鸭多发，成年鸭也可感染，无明显季节性且多散发，临床症状表现为伏地、闭眼、流泪，出现结膜炎和角膜炎，排灰绿色稀便，后期排黑色稀便，两脚无力，步态蹒跚、易跌倒，最后完全麻痹，濒死前痉挛呈角弓反张，两脚游泳状划动，而鸭坦布苏病毒病主要发生于10～25日龄的肉鸭和产蛋鸭，临诊表现瘫痪，站立不稳，行走呈八字脚，容易翻滚，腹部朝上呈游泳状挣扎，产蛋鸭主要见产蛋量下降；鸭链球菌病，急性型脾脏肿大、呈圆球状且有出血斑点，肝脏肿大、瘀血并有少量纤维素性渗出物附着，肺脏瘀血、水肿，肾脏肿大、有尿酸盐沉积，心包积液，尚见心包炎和气囊炎，慢性型心脏瓣膜有增生性疣状物，而鸭坦布苏病毒病的病雏鸭脑充血、出血、水肿，心包积液，肝脏肿大、呈土黄色，育成鸭轻微，产蛋鸭卵泡变性、充血、出血甚至破裂，脾脏也有轻度肿大。

（8）与锰缺乏症的鉴别　锰缺乏症生长期雏鸭严重，种鸭累及鸭胚，鸭胚孵化至将近出壳时死亡率增高，其他年龄的鸭死亡率低，而鸭坦布苏病毒能在鸡胚和鸭胚中增殖，一般经3～5天引起胚体死亡，死亡胚体的尿囊膜增厚，胚体水肿、出血，胚肝出血、坏死；锰缺乏症雏鸭出现骨短粗症，跗关节增大，表现滑腱症，腿弯曲、行走困难，刚孵出的雏鸭表现翅短，腿短粗，头呈球形，下颌短呈鹦鹉嘴，而鸭坦布苏病毒病则无此症状；锰缺乏症的病鸭其横纹肌和脂肪组织萎缩，跗跖骨短粗，跖骨和趾骨向内弯曲，跗关节肿胀，其关节腔内有大量黏性液体流出，而鸭坦布苏病毒病则无此变化。

（9）与维生素 B_1 缺乏症的鉴别　维生素 B_1 缺乏症其生长期的雏鸭症状明显，种鸭可造成出壳不久的雏鸭发病，主要表现两脚无力，强行驱赶易跌倒，头偏向一侧或呈"观星状"，最后出现角弓反张或衰竭而死，成年鸭常无明显症状，只是产蛋量下降，种蛋孵化率明显降低且死胚增加，而鸭坦布苏病毒病的雏鸭表现病毒性脑炎症状，病鸭瘫痪，站立不稳，行走呈八字脚且容易翻滚，产蛋鸭突然发病但精神尚可，其采食量明显下降，产蛋量急剧下降；维生素 B_1 缺乏症皮肤呈现广泛性水肿，皮下脂肪胶样浸润，肾上腺肥大，生殖器官萎缩，心脏轻度萎缩且右心室扩张，而鸭坦布苏病毒病则无此种变化。

（10）与氟中毒的鉴别　氟急性中毒较少见，可引发急性胃肠炎和低钙血症，慢性中毒最常见的表现为行走时呈八字脚，跗关节因着地而行变得肿大，严重的可出现跛行或瘫痪，腹泻，由于饮水、采食困难而表现脱水、衰竭、蹼干瘪，产蛋母鸭产畸形蛋和沙壳蛋增多，产蛋量及受精率明显下降，而鸭坦布苏病毒病也表现拉稀，站立不稳，行走呈八字脚，但易出现跌倒、翻滚，无跗关节肿大现象，产蛋鸭的产蛋量急剧降低；氟急性中毒时呈现急性或出血性胃肠炎，慢性中毒的幼鸭表现贫血、消瘦，脂肪胶样浸润，长骨和肋骨变软，上喙柔软似橡皮样，肾脏肿胀，其输尿管内有尿酸盐沉积，而鸭坦布苏病毒病则无此种变化。

（11）与中暑的鉴别　中暑常见于4周龄后的肉鸭和成年鸭，多发生于炎热或闷热的夏、秋季节，而鸭坦布苏病毒病主要发生于 10～25 日龄的肉鸭和产蛋鸭，虽无明显季节性但以秋、冬季节严重；中暑体温升高，采食减少，呼吸急促，张口喘气，口渴，排水便，表现双翅张开下垂，颤抖，步态不稳，痉挛倒地，虚脱而死，成年蛋鸭产蛋量下降且薄壳蛋和软壳蛋明显增多，而鸭坦布苏病毒病雏鸭采食量下降，排出白色或绿色稀便，站立不稳，行走呈八字脚且容易翻滚，育成鸭症状轻微，产蛋鸭精神尚可但采食量明显下降，产蛋量急剧降低；中暑剖检可见肺脏瘀血、水肿，全身静脉瘀血，血液凝固不良，脑膜充血、出血，脑实质水肿，心冠脂肪出血且心内膜及心外膜出血，而鸭坦布苏病毒病雏鸭也表现脑充血、出血、水肿，但有心包积液，肝脏肿大、呈土黄色，产蛋鸭卵泡变性、充血、出血甚至破裂。

【临床用药】

1）消毒。选用百毒杀、碘力杀、菌毒杀等消毒药物，应交替使用。

2）治疗原则。清热解毒、抗菌消炎。可选用：双黄连口服液＋头孢噻呋＋安乃近等，同时饮用电解多维和葡萄糖水，治疗效果良好。

采用黄连解毒汤加减方剂：板蓝根 800 克、白头翁 500 克、黄连 800 克、黄檗 500 克、山栀子 500 克、黄芩 800 克、金银花 200 克、地榆 200 克、穿心莲 500 克、甘草 200 克，每剂两次煎汁 70～80 千克，浓缩药液至 40～50 千克，供 1500 只 3 周龄的肉鸭自由饮用，每天 1 剂。服药期间适当减少供水量，重症不能自饮的病鸭用注射器灌服，每只肉鸭 3～5 毫升，7～8 小时喂 1 次。

3）目前还没有疫苗预防。

三、番鸭细小病毒病

番鸭细小病毒病又称为雏番鸭"三周病"，是由细小病毒引起的专一侵害雏番鸭，以气喘和腹泻为主要症状的一种急性、高度接触性传染病。本病在自然条件下只感染番鸭，且仅对雏番鸭易感，其他品种的鸭和禽类都不发病。2～4 周龄雏番鸭多发病，尤以 10 日龄左右雏番鸭发病最多，发病的死亡高峰在 10～18 日龄。病雏番鸭和带毒鸭是传染源，主要经消化道和呼吸道接触感染，孵化室是主要的传播场所，同一孵化室孵出的雏鸭一旦发病，以后每批雏鸭都发病。感染鸭于病后 3～4 天达死亡高峰，死亡率可达40%～50%。本病呈地方性流行，无明显的季节性。

【临床症状】　本病的潜伏期为4～9天，病程为2～7天。发病日龄越小，病程越短。根据病程长短可分为急性型和亚急性型。急性型多见于7～14日龄，主要表现为精神委顿，羽毛蓬松，两翅下垂，尾端向下弯曲，两脚无力，常蹲伏于地（图3-22），厌食、离群、腹泻，粪便呈白色或浅绿色，多数病鸭流鼻涕、

图3-22　两翅下垂，尾端向下弯曲，两脚无力蹲伏于地

甩头，部分有流泪痕迹，倒地抽搐、头颈后仰等神经症状，最后衰竭死亡。亚急性型多见于日龄比较大的雏番鸭，主要表现为精神委顿，喜蹲伏，两脚无力（图3-23、图3-24），排绿色或白色粪便，并黏附于肛门周围，病程多为5～7天，病死率低，耐过鸭颈部、尾部脱毛，会变短，生长发育受阻，成为生长不良的僵鸭，个体小，明显消瘦。

图3-23　两脚外撇，行走无力

图3-24　两腿发软，行走困难，无法跟上鸭群

【剖检病变】　主要病变是胰脏坏死和出血，表现为胰脏充血、出血，表面有数量不等的针尖大小的灰白色坏死点（图3-25）。肝脏肿大呈

紫褐色。心脏变圆，心壁松弛，有的呈灰白色似水煮样，少数病例心包积有浅黄色稍浑浊的液体。脾脏肿大、充血，表面和切面可见少量针尖大小的灰白色坏死点（图3-26）。肾脏呈暗红或灰白色。肠道充气，肠黏膜有少数出血点和坏

图3-25　胰脏充血、出血、坏死

死脱落，尤以十二指肠和直肠严重；后段小肠黏膜有不同程度的脱落，肠壁变薄，在空肠和回肠交界处附近或回肠前段的肠管，外观常有1～2处膨大部，将其剖开可见内有栓子状、灰白色或黄白色、干酪样的肠芯（图3-27），剖开肠芯内有褐色的内容物。

图3-26　肝脏和脾脏肿大、瘀血，脾脏有少量坏死点

陈建红　摄

图3-27　纤维素性浮膜性肠炎，内有灰白色干酪样的肠芯

【类症鉴别】　诊断本病应与鸭坦布苏病毒病、鸭流感、鸭瘟、鸭副黏病毒病、鸭冠状病毒性肠炎、鸭呼肠孤病毒病、鸭疱疹病毒性坏死性肝炎和鸭黄曲霉毒素中毒等相鉴别。

（1）与鸭坦布苏病毒病的鉴别　详见"鸭坦布苏病毒病的类症鉴别"第6条。

（2）与鸭流感的鉴别　详见"鸭流感的类症鉴别"第5条。

（3）与鸭瘟的鉴别　详见"鸭瘟的类症鉴别"第3条。

（4）与鸭副黏病毒病的鉴别　详见"鸭副黏病毒病的类症鉴别"第3条。

（5）与鸭冠状病毒性肠炎的鉴别　详见"鸭冠状病毒性肠炎的类症鉴别"第5条。

（6）**与鸭呼肠孤病毒病的鉴别** 详见"鸭呼肠孤病毒病的类症鉴别"第 10 条。

（7）**与鸭疱疹病毒性坏死性肝炎的鉴别** 鸭疱疹病毒性坏死性肝炎和番鸭细小病毒病在临床症状和剖检变化上非常相似，但鸭疱疹病毒性坏死性肝炎主要发生于 8～90 日龄，番鸭以 10～32 日龄多发，半番鸭以 50～75 日龄多发，麻鸭多发生于产蛋前后，一年四季均可发生，发病率和死亡率都很高，只是麻鸭都很低，而番鸭细小病毒病主要发生于 3 周龄内的雏番鸭，无明显季节性但冬、春季节多发，日龄越小其发病率和死亡率就越高，20 日龄以后零星发病和死亡；鸭疱疹病毒性坏死性肝炎不但在胰脏上可见大量灰白色坏死灶，也可在肝脏、脾脏、肾脏和肠浆膜表面上看到灰白色坏死灶，而番鸭细小病毒病主要见胰腺肿大、其表面有针尖大小的白色坏死点；鸭疱疹病毒性坏死性肝炎在肠腔内充满大量黏液，在十二指肠和直肠处常见到出血点或环状出血，而番鸭细小病毒病则无此变化；番鸭细小病毒病可看到空肠中段及后段膨胀，内含一小段松软的黄绿色黏稠渗出物或灰白色干酪样的肠芯，而鸭疱疹病毒性坏死性肝炎则无此变化。

（8）**与鸭黄曲霉毒素中毒的鉴别** 鸭黄曲霉毒素中毒其轻重与鸭只年龄和食入的毒量有关，雏鸭严重可出现突然死亡或表现共济失调、拱背及尾下垂或呈"企鹅状"，腿及爪蹼皮下出血、呈紫红色，成年鸭多表现腹泻、贫血、消瘦、衰弱，产蛋率和孵化率降低，而番鸭细小病毒病成年鸭不发病，也无上述症状，仅表现在临死前两腿乱划，头颈向一侧扭曲或两腿麻痹、倒地、衰竭、死亡；鸭黄曲霉毒素急性中毒表现肝脏肿大、呈土黄色或苍白，质地变硬、有出血点，胆囊扩张，肾脏苍白、肿大，慢性中毒表现肝硬化、变黄，常见腹腔积液和心包积液，而番鸭细小病毒病于空肠中段及后段膨胀，内含一小段松软的黄绿色黏稠渗出物或灰白色干酪样的肠芯，心脏圆而松弛，胰腺肿大，表面有针尖大小的白色坏死点。

【临床用药】

（1）**预防** 本病建议采用番鸭细小病毒弱毒疫苗进行预防。也可以在雏番鸭 5～7 日龄时，皮下注射高免血清 1 毫升/只进行预防。

（2）**治疗**

1）中医治疗采用黄连解毒汤加减方剂。板蓝根 800 克、白头翁 500

克、黄连 800 克、黄檗 500 克、山栀子 500 克、黄芩 800 克、金银花 200 克、地榆 200 克、穿心莲 500 克、甘草 200 克，每剂两次煎汁 70 ~ 80 千克，浓缩药液至 40 ~ 50 千克，供 1500 只 3 周龄雏番鸭自由饮用，每天 1 剂。服药期间适当减少供水量，重症不能自饮的病鸭用注射器灌服，每只番鸭 3 ~ 5 毫升，7 ~ 8 小时喂 1 次。

2）西医治疗是在采用上述中医治疗的同时，给已感染发病的番鸭注射 1 次抗番鸭细小病毒血清。每只番鸭 0.8 毫升，病情严重的番鸭每只注射 1 毫升，用药 4 小时后，病情严重的番鸭再注射银黄注射液 1 毫升，每天 2 次，连用 3 天。

3）在用药治疗的同时，全群番鸭用百毒杀、抗毒威按常规剂量带鸭消毒，每天 1 次，连用 1 周。

上述中西医结合用药 12 小时后，病鸭体温下降，食欲和饮水增加，精神明显好转，排稀粪便的病鸭减少。2 天后病鸭死亡情况明显得到控制，3 ~ 4 天后病鸭即可痊愈。

四、鸭疱疹病毒性坏死性肝炎

鸭疱疹病毒性坏死性肝炎又称白点病，是由鸭疱疹病毒Ⅲ型引起的番鸭和半番鸭的一种病毒性传染病。本病发病率和死亡率均较高（发病率为 30% ~ 90%，病死率为 60% ~ 80%），临床上以软脚为主要症状，剖检以肝脏、脾脏肿大，表面有大量大小不等的灰白色坏死点为主要变化。本病主要侵害雏番鸭，在其他种类的雏鸭也有发病的报告，病愈鸭大部分成为僵鸭。

【临床症状】本病的潜伏期为 5 ~ 9 天，病程为 2 ~ 14 天。病鸭精神沉郁，食欲减退，全身乏力，软脚，多蹲伏，严重腹泻，排出灰白色或浅绿色稀粪，肛门周围羽毛沾有大量粪便，无规则摆头，有的扭颈或转圈，濒死前头部触地，最后衰竭死亡。

【剖检病变】病死鸭最典型的剖检病变是肝脏（图 3-28）、脾脏（图 3-29）、胰腺（图 3-30）表面可见大量大小不等的灰白色坏死点；肾脏肿大，表面有针尖大小出血点和黄白色条斑或坏死点（图 3-31）；肠道（主要是十二指肠和直肠）出血或有出血环；多数鸭脑膜出血；胆囊内充盈胆汁，极度膨胀。

图3-28 肝脏肿大，可见
大量灰白色坏死点

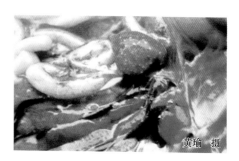
黄瑜 摄

图3-29 脾脏肿大且有大量
白色及红白色坏死点

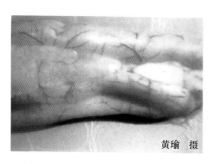
黄瑜 摄

图3-30 胰腺表面有大量的坏死点

黄瑜 摄

图3-31 肾脏表面有少量的坏死点

【类症鉴别】 诊断本病应与鸭呼肠孤病毒病、鸭病毒性肝炎、番鸭细小病毒病、鸭坦布苏病毒病、鸭沙门菌病、住白细胞原虫病、鸭霍乱和鸭黄曲霉毒素中毒等相鉴别。

（1）与鸭呼肠孤病毒病的鉴别 详见"鸭呼肠孤病毒病的类症鉴别"第2条。

（2）与鸭病毒性肝炎的鉴别 详见"鸭病毒性肝炎的类症鉴别"第5条。

（3）与番鸭细小病毒病的鉴别 详见"番鸭细小病毒病的类症鉴别"第7条。

（4）与鸭坦布苏病毒病的鉴别 详见"鸭坦布苏病毒病的类症鉴别"第4条。

(5) 与鸭沙门菌病的鉴别 详见"鸭沙门菌病的类症鉴别"第5条。

(6) 与住白细胞原虫病的鉴别 详见"住白细胞原虫病的类症鉴别"第2条。

(7) 与鸭霍乱的鉴别 详见"鸭霍乱的类症鉴别"第12条。

(8) 与鸭黄曲霉毒素中毒的鉴别 鸭黄曲霉毒素中毒的轻重与鸭只年龄和食入的毒量有关，雏鸭严重可出现突然死亡，或表现共济失调、拱背及尾下垂或呈"企鹅状"，腿及爪蹼皮下出血、呈紫红色，死亡率可达100%，成年鸭多表现腹泻、贫血、消瘦、衰弱，产蛋率和孵化率降低，而鸭疱疹病毒性坏死性肝炎精神沉郁，软脚，常蹲伏，无规则地摇摆头部，有的出现扭颈或转圈等神经症状，严重腹泻，排白色或绿色稀便，沾污肛门周围的羽毛；鸭黄曲霉毒素急性中毒时表现肝脏肿大、呈土黄色或苍白，质地变硬、有出血点，胆囊扩张，肾脏苍白、肿大，慢性中毒表现肝硬化、变黄，常见腹腔积液和心包积液，而鸭疱疹病毒性坏死性肝炎可见肝脏、脾脏、胰腺、肾脏和肠浆膜表面上有大量灰白色坏死灶，肠腔内充满大量黏液，在十二指肠和直肠处常见到出血点或环状出血。

【临床用药】

(1) 预防 注射鸭"白点病"高免卵黄抗体1~2毫升，也可试用鸭"白点病"灭活蜂胶苗、油乳剂苗或弱毒疫苗，应在1周龄内注射。鸡四系苗饮水也有很好的防治作用。

(2) 治疗 对于曾经发病或者已经发病鸭舍，平时应加强隔离和消毒，发生本病时，通过注射鸭"白点病"高免卵黄抗体，可收到满意效果。对于有并发感染的病例，结合应用广谱抗菌药物可明显提高疗效。

发病后尽早注射鸭"白点病"高免卵黄抗体（1~2毫升/只），同时使用环丙沙星，1克加水20~40千克，饮用2~3天。

五、鸭链球菌病

鸭链球菌病是由链球菌引起的小鸭的一种急性败血性传染病，雏鸭与成年鸭也可感染，常呈慢性经过。鸭链球菌感染虽不常见，但却是呈世界范围分布的，本病引起的急、慢性感染造成的损失可达50%以上，一般认为是继发感染。本病急性感染时，主要造成全身败血性症状，发病快、死亡快、病死率高，对鸭场可造成巨大的损失。

【临床症状】　包括急性败血症和慢性感染两种。急性败血症的临床症状包括精神倦怠、组织充血、头部羽毛蓬乱、排黄色稀粪、消瘦、发绀等，产蛋鸭的产蛋率下降。慢性型病例精神不振，嗜睡冷漠，食欲减少或废绝，羽毛蓬乱无光泽，怕冷，头藏翅下，呼吸困难，冠及肉髯苍白，持续性下痢，体况消瘦，产蛋量下降，濒死鸭出现痉挛或角弓反张等症状。病程稍长的出现跛行或站立不稳，蹲伏，消瘦，有的出现下痢、眼炎或痉挛、麻痹等神经症状（图3-32、图3-33）。

图3-32　病鸭流泪，头颈后仰，不能站立

图3-33　病鸭瘫痪，头颈扭转

【剖检病变】　急性败血症的剖检变化为肝脏（图3-34）、脾脏、肾脏均肿大，皮下组织充血及腹膜炎。慢性感染的剖检变化包括纤维素性关节炎或腱鞘炎、骨髓炎、输卵管炎、纤维素性心包炎和肝周炎（图3-35）、坏死性心肌炎、心瓣膜炎等，有时可见肝脏、脾脏和心脏发生梗死（图3-36）。胸部、腿部皮下有瘀血斑块；肝脏肿大，有点状出血，表面有局部性坏死；脾脏肿大、有出血点；心包膜、心外膜、气囊表面有纤维素性渗出物；腹腔积液，心包积液；肿大的

图3-34　肝脏肿大、呈浅黄色，心外膜有出血斑

114

趾、跗关节内也积有浅黄色的清亮渗出液；肠道有不同程度的弥散性充血、出血（图3-37、图3-38）。

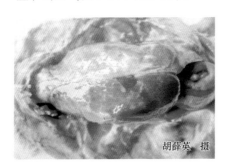

图3-35 肝脏表面附着灰白色纤维素性渗出物

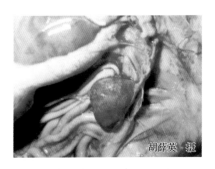

图3-36 脾脏表面有灰白色坏死灶

图3-37 盲肠增粗、出血

图3-38 小肠局灶性增粗、出血

【类症鉴别】 诊断本病应与鸭坦布苏病毒病、鸭大肠杆菌病、鸭霍乱、鸭疫里默氏杆菌病、鸭沙门菌病、鸭传染性窦炎、鸭衣原体病、鸭疏螺旋体病和一氧化碳中毒等相鉴别。

（1）与鸭坦布苏病毒病的鉴别 详见"鸭坦布苏病毒病的类症鉴别"第7条。

（2）与鸭大肠杆菌病的鉴别 详见"鸭大肠杆菌病的类症鉴别"第4条。

（3）与鸭霍乱的鉴别 详见"鸭霍乱的类症鉴别"第6条。

（4）与鸭疫里默氏杆菌病的鉴别 详见"鸭疫里默氏杆菌病的类症

鉴别"第 8 条。

(5) 与鸭沙门菌病的鉴别 详见"鸭沙门菌病的类症鉴别"第 9 条。

(6) 与鸭传染性窦炎的鉴别 详见"鸭传染性窦炎的类症鉴别"第 7 条。

(7) 与鸭衣原体病的鉴别 详见"鸭衣原体病的类症鉴别"第 7 条。

(8) 与鸭疏螺旋体病的鉴别 鸭疏螺旋体病一般不分年龄，但雏鸭最易感，本病有明显的季节性和特殊的感染途径，即 5 ~ 9 月为发病季节、7 ~ 8 月为发病高峰季节，被软蜱科的波斯锐缘蜱咬伤而感染，其发病率和死亡率均很低，病程较长，而鸭链球菌病也是雏鸭多发，但成年鸭也可感染，本病无明显季节性，多散发，病鸭和带菌鸭是主要传染源，主要通过消化道和呼吸道传染，也可经皮肤外伤感染，其发病率较高，但死亡率较低，病程较短；鸭疏螺旋体病于病后期在有贫血和黄疸的基础上有头颈震颤、昏睡、两腿麻痹、行走摇摆，翻倒后出现背朝地的现象，而鸭链球菌病也有昏睡、两腿麻痹和步态不稳的症状，但本病于濒死前呈现角弓反张和两脚游泳状划动的现象；鸭疏螺旋体病的粪便有特点，即腹泻，排绿色稀便且分 3 层，外层为蛋清样浆液、中层为绿色、最内层是散在的白色块状物，而鸭链球菌病主要排出灰绿色稀便，后期排黑色稀便，有结膜炎和角膜炎；鸭疏螺旋体病和急性型鸭链球菌病的内脏剖检变化非常相似，鸭疏螺旋体病常看到其肠腔内有绿色黏液样内容物，血液呈咖啡色、稀薄、血清呈黄绿色，而鸭链球菌病无此现象，但慢性型鸭链球菌病常可见到心脏瓣膜有增生性疣状物，呈白色、黄色或黄褐色，表面粗糙不平，同时还见有坏死性心肌炎、纤维素性心包炎、纤维素性关节炎、腱鞘炎等。

(9) 与一氧化碳中毒的鉴别 一氧化碳中毒主要发生于冬、春寒冷季节，因在舍内燃煤取暖不当引发的，多突然造成大批鸭只安静死亡，而鸭链球菌病的发生却无明显季节性，死前多呈现角弓反张和两腿游泳状划动现象；一氧化碳中毒的病鸭血液呈鲜红色或樱桃红色，肺脏呈鲜红色并出现肺气肿，在肺脏的表面有小出血点，肝脏呈红黄色，而鸭链球菌病无此现象，其血液和内脏颜色多呈暗红色，并常有心包炎和气囊炎的变化。

【临床用药】

（1）预防

1）加强卫生管理。种鸭舍要勤垫干草、保持干燥、勤捡蛋。入孵前可用福尔马林熏蒸消毒，出雏后注意保温。小鸭舍和成年鸭舍应注意垫草的卫生，防止鸭皮肤与脚伤感染。

2）免疫接种。链球菌的抗原结构比较复杂，各型间缺乏交叉保护，可选择发病场分离的菌株制成灭活苗应用。

（2）治疗

1）加强隔离和消毒病鸭，将死鸭掩埋或焚烧。清理的粪便应堆肥发酵处理后运出。应对鸭舍、场地及各种用具进行彻底、严格的清洗和消毒。

2）药物治疗。可选择的药物有青霉素、阿米卡星（丁胺卡那霉素）、卡那霉素、新霉素、四环素、氨苄西林、土霉素、金霉素、恩诺沙星、泰妙菌素等（用药剂量请参考本书鸭疫里默氏杆菌病、鸭葡萄球菌病等），也可进行药敏试验后选择敏感药物治疗。

也可选用中药处方，即金银花、荞麦根、广木香、地丁、连翘、板蓝根、黄檗、猪苓、白药子各40克，茵陈35克，藕节炭、血余炭、鸡内金、仙鹤草各50克，大蓟、穿心莲各45克（以上为约1000只8～10日龄的肉鸭1天的剂量）。水煎2次，取汁供饮服，每天2次，连用3天为1个疗程。对病重鸭可每次滴服原药液2毫升。

六、鸭疏螺旋体病

鸭疏螺旋体病是由鹅包柔氏螺旋体引起的一种热性、败血性传染病。本病由蜱（波斯锐缘蜱）所传播，在自然条件下，鸭只经蜱咬伤而感染。本病的临床症状为体温升高，精神沉郁，食欲下降，贫血，头部皮肤发紫，腹泻，排绿色稀粪。其主要的病理变化是肝脏、脾脏明显肿大及内脏器官出血。

【临床症状】　从被有传染性蜱刺螫至鸭只体温升高的潜伏期为5～7天，有时为3～4天，长者为8～10天，人工感染的潜伏期为2天。体温升高之前1～2天，血液中开始出现鹅包柔氏螺旋体。随着病情的发展，鹅包柔氏螺旋体在血液中大量繁殖，至鸭只患病后期，鹅包柔氏螺旋体的数量虽然显著下降，但鸭只不久则濒于死亡。

最急性型病例常未出现明显的临床症状而突然死亡。

急性型病例是被有传染性的蜱咬伤后经 4 ~ 10 天，病鸭体温升高至 42.5 ~ 44℃，此时在血液中可发现鹅包柔氏螺旋体。接着病鸭出现精神沉郁，低头缩颈，头部皮肤发绀，身体缩成一团或伏地闭目；食欲不振或消失，渴感增强，迅速消瘦，体质孱弱，腹泻，排出绿色稀便且分为 3 层，外层为蛋清样的浆液、中层为绿色、最内层是散在的白色块状物；病的后期，病鸭出现贫血并有黄疸，嗜睡甚至昏迷，对外界的刺激因子反应极弱，一旦惊醒，则懒洋洋地、艰难地站起来，向另一地方移动，然后又蹲下，眼睛闭合；两腿出现麻痹，站立不稳，走路摇摆，两腿交替跛行，以至逐渐软瘫，常背部翻倒腹朝天，要用很大气力才能恢复正常的姿态。病鸭常出现头颈震颤等神经症状。最后体温降至常温以下而死亡。病程为 1 ~ 2 周。有些病鸭可以慢慢恢复。在康复鸭的血液中，一般找不到螺旋体。

国内学者（乔颜良等）依据临床症状及预后情况将本病分为三型。自愈型（或轻型）：开始体温升高，厌食，精神不振，1 ~ 2 天后体温下降，血中螺旋体逐渐减少直至消失，病情好转，不经治疗可自愈，该型约占 1.2%。药效型（或中间型）：体温升高，血内螺旋体随体温升高不断增多，连续 5 ~ 6 天均可查到病原体，用青霉素治疗有特效，该型占 40.8%。速死型（或重型）：来势凶猛，饮食废绝，高热，体质衰竭，严重贫血，血液呈咖啡色，此时尽快涂血片可查到较多的病原体，但 5 ~ 6 小时随体温下降而消失，病情继续恶化，鸭只很快死亡，该型占 57.9%。

【剖检病变】 患病死鸭尸体消瘦，泄殖腔周围的羽毛被排泄物沾污，干涸后而黏成一块。

脾脏肿大 1 ~ 2 倍，外观呈斑驳状，有些病例有坏死灶；肝脏明显肿大 2 ~ 3 倍，呈砖红色或暗紫色，表面有出血点和坏死点；肾脏肿大，呈苍白色或棕黄色，输尿管有灰白色尿酸盐沉积；有些病例心肌纤维横纹消失，心包腔有浆液性、纤维素性渗出物，心外膜有纤维素性渗出物覆盖；腺胃和肌胃交界处有出血点；小肠黏膜充血、出血；肠腔内有绿色黏液样内容物；血液呈咖啡色、稀薄，血清呈黄绿色。

组织学变化主要见于肝脏充血，肝门静脉周围大量淋巴细胞和吞噬细胞浸润，肝细胞肿大，有脂肪变性或颗粒变性或坏死，毛细血管扩张；脾脏体积肿大，网状内皮细胞数量增多，网状内皮细胞中心呈透明样变化，

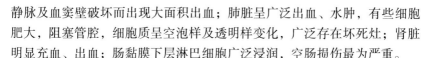

静脉及血窦壁破坏而出现大面积出血；肺脏呈广泛出血、水肿，有些细胞肥大，阻塞管腔，细胞质呈空泡样及透明样变化，广泛存在坏死灶；肾脏明显充血、出血；肠黏膜下层淋巴细胞广泛浸润，空肠损伤最为严重。

【类症鉴别】　诊断本病应与鸭流感、鸭链球菌病、鸭大肠杆菌病、鸭沙门菌病和一氧化碳中毒等相鉴别。

（1）与鸭流感的鉴别　详见"鸭流感的类症鉴别"第8条。

（2）与鸭链球菌病的鉴别　详见"鸭链球菌病的类症鉴别"第8条。

（3）与鸭大肠杆菌病的鉴别　详见"鸭大肠杆菌病的类症鉴别"第5条。

（4）与鸭沙门菌病的鉴别　详见"鸭沙门菌病的类症鉴别"第7条。

（5）与一氧化碳中毒的鉴别　一氧化碳中毒主要发生于冬、春寒冷季节，舍内燃煤取暖不当引起，多突然造成大批鸭只安静死亡，而鸭疏螺旋体病不分年龄，但雏鸭最易感，本病有明显的季节性和特殊的感染途径，即5～9月为发病季节，7～8月为发病高峰季节，被软蜱科的波斯锐缘蜱咬伤而感染，其发病率和死亡率均很低；一氧化碳中毒的病鸭血液呈鲜红色或樱桃红色，肺脏呈鲜红色并出现肺气肿，在肺脏的表面有小出血点，肝脏呈红黄色，而鸭疏螺旋体病脾脏肿大1～2倍、呈斑驳状，肝脏肿大2～3倍、呈砖红色且有出血点和坏死点，肾脏肿大、苍白且输尿管中有尿酸盐沉积，腺胃和肌胃交界处有出血点，肠腔内有绿色黏液。

【临床用药】

（1）预防　有报道取当地病例分离的螺旋体制成鹅包柔氏螺旋体全血组织、脏器组织及鸡胚组织灭活苗作为预防接种，免疫效果极佳，7天可产生免疫力。

设法消灭螺旋体的传播者——波斯锐缘蜱，是防止发生本病的最重要的措施。加强消毒，消灭病原传播者，切断传染源。

1）5%克辽林消毒鸭舍，然后再用石灰乳剂喷洒墙壁和地板。

2）5%马拉硫磷水溶液或粉剂喷洒环境；3%粉剂，用量为50～100克/米²，用于消灭草地上的蜱；0.2%～0.5%乳剂，用量为1克/米²，用于喷洒鸭身；1.25%乳剂或4%粉剂，可驱除体外寄生虫。

3）0.5%漂白粉消毒四周环境，每天1次，连用7～10天。

4）5%石炭酸，可杀死地面的螺旋体。

5）0.2%~0.3%溴氰菊酯，夜间喷洒鸭舍墙壁、屋顶，杀灭蜱、螨和蚊蝇。

6）0.5%溴氰菊酯喷洒鸭体，直至喷湿羽毛为止。每天1次，连用3~5天。

加强饲养管理，保持舍内通风、干燥，注意饲料和饮水的卫生。在有鸭疏螺旋体病发生的地区，防蜱工作应在早春蜱复活的季节之前进行。

（2）治疗 对已发病的鸭只，必须及早在隔离的条件下进行治疗。

1）土霉素，0.2%~0.3%拌料，或按每千克饲料10~20克，连喂3~5天，效果良好。

2）氨苄青霉素（氨苄西林），病初大剂量肌内注射，可迅速治愈病鸭，成年鸭每只肌内注射10万单位，每天1次，连用3天。

3）九一四（新肿凡纳明），每千克体重用30~50毫克，肌内注射，每天1次，2天为1个疗程。

4）对氨苯砷酸钠，又名阿妥克息，成年鸭每千克体重用0.05克，幼鸭0.03克，肌内注射，每天1次，连用2天。

用以上方法进行治疗的同时，在饮水中加电解多维及口服补液盐。在饲料中加入多维及益生素。

5）可考虑配合中药治疗，黄芩15克、黄檗15克、金银花15克、连翘15克、赤芍20克、蒲公英25克、玄参15克、茵陈25克，混合加水2000毫升，煎煮到剩余1000毫升为止，供200只病鸭1天饮用，重者每天强行灌服3~5毫升，连用3~5天。

七、维生素D缺乏症

维生素D缺乏症又称骨质疏松症或佝偻病，是由于维生素D缺乏引起钙、磷代谢障碍进而引起鸭只生长发育迟缓，骨骼柔软、弯曲、变形，运动障碍，产蛋母鸭产出薄壳蛋、软壳蛋为特征的一种营养代谢性疾病。鸭的维生素D缺乏症主要发生于1~4周龄的雏鸭。

【临床症状】 病雏生长发育显著不良或完全停止，两腿无力、步态不稳，最后不能站立。喙和趾的质地变软，易弯曲变形，以致采食不便。严重病例的长骨易折不易断，易变弯曲。关节肿大，尤以跗关节和肋骨关节最为明显。有的病鸭还有下痢、消瘦等症状。

填鸭常发生本病，若刚由中鸭转入填鸭时已存在缺乏维生素 D 现象，虽然症状不甚明显或只有轻微的症状，但由于在填鸭阶段喂料量大、消化不良，常出现下痢和肠炎等内因，如果再加上鸭舍潮湿、气温高、缺乏光照等外因，就容易诱发本病。病鸭腿软或瘫痪，伏卧。倘若强迫其运动时，腿不能站立，用两翅扑动拍打地面向前移动。发病率可达50%以上。

产蛋母鸭缺乏维生素 D，一般经 2~3 个月后，可见薄壳蛋和软壳蛋增多，甚至产无壳蛋，严重者产蛋量下降。母鸭常蹲伏，行走无力，常以扑打翅膀助行（图3-39）。

焦库华 摄

图 3-39 患病产蛋母鸭扑打翅膀前行

【剖检病变】 病雏最有特征性的病理变化是：肋骨与脊椎、肋软骨接合部及肋骨的内侧表面呈局限性肿大，并形成白色凸起的珠状结节。这样的结节有些病例几乎出现在所有肋骨的同一水平位置上，故有"肋骨串珠"之称（图3-40）。而在另一些病例，则只出现在某一肋骨的某个位置上，在这种结节处，常发生自然性骨折。长骨（胫骨和股骨）钙化不良（图3-41），变脆，只要略施微力，即被折断；严重病例的胫骨变软，极易将之扭曲，但不易折断。成年鸭的喙部和胸骨变软，肋骨与胸骨和椎骨接合处内陷，所有肋骨沿胸廓呈内向弧形的特征，其他病理变化和雏鸭基本相同

【类症鉴别诊断】 诊断本病应与锰缺乏症、胆碱缺乏症、鸭痛风、烟酸缺乏症、鸭短喙侏儒综合征和氟中毒等相鉴别。

（1）与锰缺乏症的鉴别 锰缺乏症时雏鸭严重，种鸭累及鸭胚，雏鸭和鸭胚发病率较高，鸭胚孵化至将近出壳时死亡率增高，其他年龄的鸭死亡率低，而维生素 D 缺乏症时雏鸭也较严重，可出现一定的死亡率，成年鸭极低；锰缺乏症雏鸭出现跗关节增大，跗跖骨短粗症，腓肠肌腱脱出骨槽形成滑腱症，腿弯曲，行走困难，母鸭缺锰时，胚体明显水肿，刚孵出的雏鸭表现翅短，腿短粗，头呈球形，下颌短呈鹦鹉嘴，神经机能障

碍，运动失调，而维生素 D 缺乏症雏鸭生长停滞、反应迟钝、两脚无力
呈企鹅状，常蹲伏或瘫痪，关节肿大，产蛋母鸭两脚变软、时常蹲伏，缺
乏 2 个月后出现产蛋量下降，薄壳蛋、软壳蛋日益增多；锰缺乏症病鸭横
纹肌和脂肪组织萎缩，跗跖骨短粗，跖骨和趾骨向内弯曲，跗关节肿胀，
关节腔内有黏性液体流出，而维生素 D 缺乏症雏鸭的肋骨头有球状白色
结节，严重者呈"串珠状"，长骨变软、弯曲且不易折断，成年鸭的喙和
胸骨变软，肋骨与胸骨和肋骨与椎骨结合处内陷呈弧形。

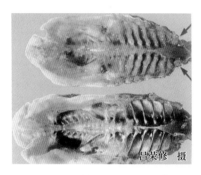
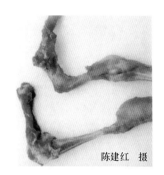

图 3-40　病鸭左侧肋骨关节呈　　图 3-41　病鸭股骨弯曲
　　"串珠状"（下边为正常）　　　　变形（下边为正常）

　　（2）与胆碱缺乏症的鉴别　胆碱缺乏症主要发生于雏鸭，成年鸭很
少发生，病雏鸭生长缓慢甚至停止，表现出明显的胫骨短粗症，跖骨扭曲
会变弯或呈弓形，患病腿失去支撑力，关节软骨严重变形后呈现跛行，产
蛋鸭可出现产蛋量下降和脂肪肝，而维生素 D 缺乏症时雏鸭也出现生长
停滞，常蹲伏或瘫痪，呈企鹅状，关节肿大，产蛋母鸭两脚变软，若缺乏
2 个月后方可出现产蛋量下降，薄壳蛋、软壳蛋日益增多；胆碱缺乏症肝
脏肿大、质脆，色泽变黄，呈现脂肪肝，肝脏表面有出血点，甚至肝被膜
破裂、出血并可看到凝血块，肾脏及其他器官有脂肪浸润和变性，而维生
素 D 缺乏症则无这些变化；胆碱缺乏症的骨骼变化主要表现在腿上，即
胫骨、跗骨和跖骨变形，跟腱从所附着的髁部滑脱，而维生素 D 缺乏症
则几乎表现在全身的骨骼，雏鸭的肋骨头有球状白色结节甚至呈"串珠
状"，长骨变软、弯曲且不易折断，成年鸭的喙和胸骨变软，肋骨与胸骨
和肋骨与椎骨结合处内陷呈弧形。

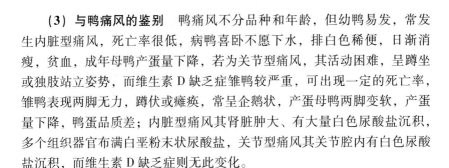

(3) 与鸭痛风的鉴别 鸭痛风不分品种和年龄，但幼鸭易发，常发生内脏型痛风，死亡率很低，病鸭喜卧不愿下水，排白色稀便，日渐消瘦、贫血，成年母鸭产蛋量下降，若为关节型痛风，其活动困难，呈蹲坐或独肢站立姿势，而维生素D缺乏症雏鸭较严重，可出现一定的死亡率，雏鸭表现两脚无力，蹲伏或瘫痪，常呈企鹅状，产蛋母鸭两脚变软，产蛋量下降，鸭蛋品质差；内脏型痛风其肾脏肿大、有大量白色尿酸盐沉积，多个组织器官布满白垩粉末状尿酸盐，关节型痛风其关节腔内有白色尿酸盐沉积，而维生素D缺乏症则无此变化。

(4) 与烟酸缺乏症的鉴别 烟酸缺乏症多见于雏鸭，成年鸭也可发生，雏鸭表现口炎，典型症状是"黑舌"，胫跗关节肿大，胫骨短粗，双腿弯曲，行走时两腿交叉呈模特步，羽毛蓬乱，皮肤出现皮炎（头部和爪更明显），成年鸭可见羽毛蓬乱无光，甚至脱落，皮肤有鳞状皮炎，体重减轻，产蛋量和孵化率下降，而维生素D缺乏症雏鸭生长停滞、反应迟钝、两脚无力呈企鹅状，常蹲伏或瘫痪，关节肿大，产蛋母鸭两脚常变软、常蹲伏；烟酸缺乏症时，雏鸭口腔和食道黏膜有炎性渗出物，十二指肠溃疡，盲肠和结肠黏膜上有豆腐渣样物覆盖，肠壁增厚、易断，产蛋鸭的肝脏颜色变黄、易碎，导致脂肪肝，而维生素D缺乏症则无这些病变。

(5) 与鸭短喙侏儒综合征的鉴别 鸭短喙侏儒综合征主要发生于13～40日龄的肉鸭，无明显季节性，本病即可垂直传播，也可水平传播，发病率在5%～20%之间，严重者可高达40%左右，死亡率很低，但严重影响肉鸭生长速度，而维生素D缺乏症也是雏鸭较严重，本病不分品种，发病后可出现一定的死亡率；鸭短喙侏儒综合征生长较慢，鸭群大小不均，病鸭逐渐出现上、下喙短缩钝圆，鸭舌突出外露、向下弯曲、僵硬不灵活，而维生素D缺乏症也有生长速度缓慢的现象，但无鸭喙缩短和鸭舌外露的症状，只是表现两脚无力、蹲伏或瘫痪；鸭短喙侏儒综合征剖检可见鸭舌短小、肿胀、胸腺肿大、出血，骨质疏松，肠黏膜出血，肠腔内可出现栓塞物，而维生素D缺乏症则无此病理变化。

(6) 与氟中毒的鉴别 氟中毒的急性中毒较少见，可引发急性胃肠炎和低钙血症，慢性中毒最常见，病鸭行走时双脚叉开呈八字脚，跗关节因着地而行变得肿大，严重的可出现跛行或瘫痪，腹泻，由于饮水、采食困难而表现脱水、衰竭、蹼干瘪，产蛋母鸭产畸形蛋和沙壳蛋增多，产蛋量及受精率明显下降，而维生素 D 缺乏症时雏鸭出现生长停滞，常蹲伏或瘫痪，两脚无力呈企鹅状，关节肿大，产蛋母鸭两脚变软，若缺乏 2 个月以上方可见产蛋量下降，产薄壳蛋和软壳蛋增多；氟中毒的急性中毒呈现急性或出血性胃肠炎，慢性中毒的幼鸭表现贫血、消瘦，脂肪胶样浸润，长骨和肋骨变软，上喙柔软似橡皮样，肾脏肿胀、其输尿管内有尿酸盐沉积，而维生素 D 缺乏症雏鸭的肋骨头有球状白色结节，严重者呈"串珠状"，长骨变软、弯曲且不易折断，成年鸭喙和胸骨也会变软，肋骨与胸骨和肋骨与椎骨结合处内陷呈弧形。

【临床用药】　雏鸭多晒太阳是预防本病最经济有效的方法，因为阳光中的紫外线可促进维生素 D 在机体内的合成。在梅雨季节，可给予鸭群一定时间的紫外线灯照射。日粮中要适当补充富含维生素 D 的鱼肝油。对病雏的治疗可用浓鱼肝油滴剂，每只雏鸭每次 2 ~ 3 滴，每天 2 ~ 3 次，服用天数根据病情而定；或鱼肝油 2 毫升，肌内注射。

幼鸭佝偻病的治疗方法，可用维生素 AD 注射液或鱼肝油，每只按 2 ~ 3 滴饲喂，每天 1 ~ 2 次，2 天为 1 个疗程。若能每只一次喂给 1500 国际单位维生素 D_3，效果会比在饲料中添加大量维生素 D 更快。但过大剂量的维生素 D_3 对雏鸭可产生由于肾小管病理性钙化而引起的肾机能障碍，主动脉和其他动脉血管也可能发生钙化等有害作用，必须予以注意。

八、维生素 B_1 缺乏症

维生素 B_1 缺乏症，又称多发性神经炎，是由饲料中维生素 B_1 含量不足而引起的疾病。本病以神经系统的病变为主要临床特征。各种年龄的鸭都可发生，雏鸭比成年鸭多见。维生素 B_1（又称硫胺素）广泛存在于植物种子外皮和胚芽中，在米糠、麦麸、酵母、大豆及青绿饲料中含量较多。维生素 B_1 在碱性溶液中，非常容易被破坏，并且不耐紫外线；在酸性溶液中，稳定性较好，甚至加热时也稳定。本病的引发还可能是由于某些饲料中含有硫胺素酶、氧硫胺素等，而使维生素 B_1 受到破坏；或是偶尔采食蕨类植物等，因其中含有硫胺素拮抗物质而致缺乏；或在治疗球虫病时，杀虫剂氨丙啉使用过量，会造成一时性维生素 B_1 缺乏；或鸭胃肠道机能长时间紊乱，也影响维生素 B_1 的吸收，从而引发本病。

【临床症状】　病雏鸭精神委顿，食欲下降或消失，体质衰弱，生长不良，羽毛蓬乱无光，脚软无力（图 3-42），下痢。出现阵发性神经症状，步态不稳，行走出现跌、撞、滚等姿态，随即蹲下坐在屈曲的腿上或跌倒在地，呈仰卧或侧卧，不断挣扎（图 3-43），无法翻转，两脚做游泳状，或扭头歪颈，或呈"观星状"（图 3-44），或乱蹦乱跳，或就地转圈，这些症状

陈建红 摄

图 3-42 病鸭软脚、侧卧、头偏向一侧

每次发作都较前一次加重，直到抽搐倒地而死。有些病雏游泳时，颈肌突然麻痹，头颈朝背部极度弯曲，在水中不断翻转，间隔数分钟发作 1 次，病情逐渐加重，最后呈角弓反张而死亡。

陈建红 摄

图 3-43 中枢神经紊乱，表现
挣扎、转圈、抽搐

黄瑜 苏敬良 摄

图 3-44 神经症状呈"观星状"

产蛋母鸭发生本病时，病程较长，表现为采食减少、消瘦、羽毛蓬乱、步态不稳等；所产种蛋的孵化率下降，孵出的部分雏鸭常出现维生素 B_1 缺乏症的症状。

【剖检病变】 病死鸭皮下弥漫性水肿，胃肠壁严重萎缩，十二指肠溃疡；肾上腺肥大（母鸭更明显），皮质变化范围大于髓质；心脏轻度萎缩，右心室扩张；小鸭生殖器官萎缩，睾丸比卵巢更明显。

【类症鉴别】 诊断本病应与鸭坦布苏病毒病、鸭冠状病毒性肠炎、

鸭李氏杆菌病、鸭黄曲霉毒素中毒和维生素 B_2 缺乏症等相鉴别。

（1）与鸭坦布苏病毒病的鉴别 详见"鸭坦布苏病毒病的类症鉴别"第9条。

（2）与鸭冠状病毒性肠炎的鉴别 详见"鸭冠状病毒性肠炎的类症鉴别"第2条。

（3）与鸭李氏杆菌病的鉴别 鸭李氏杆菌病的发生不分年龄和品种，但雏鸭比成年鸭更易感，多为散发性，发病率和死亡率均很低，但病死率很高，雏鸭往往突然发病，多于 $1\sim2$ 天内很快死亡，常出现精神沉郁，不食，有时下痢，呼吸困难，结膜炎及流泪，病程稍长者主要表现痉挛和斜颈等神经症状，成年鸭出现两脚麻痹，而出现维生素 B_1 缺乏症时，生长期的雏鸭症状明显，其发病率较高，但死亡率较低，雏鸭表现脚软无力，强迫其行走时易跌倒，头偏向一侧或呈"观星状"，最后出现角弓反张或衰竭而死，成年鸭常无明显症状，只是产蛋量下降，种蛋孵化率明显降低，死胚增加，可造成出壳不久的雏鸭发病；鸭李氏杆菌病心包内积有大量的渗出物，心外膜有出血点，心肌有片状出血，并呈现多发性心肌变性或坏死性心肌炎，肝脏肿大、呈绿色并有坏死灶，脾脏肿大、呈斑驳状出血，卡他性胃肠炎，十二指肠黏膜呈现弥漫性出血，而维生素 B_1 缺乏症则无上述病变，本病主要表现皮肤有广泛性水肿，皮下脂肪胶样浸润，肾上腺肥大，生殖器官萎缩，消化道萎缩、有黏膜炎症，十二指肠黏膜溃疡，心脏轻度萎缩但右心室扩张；如果采集病鸭的血、肝脏、脾脏、肾脏、脑等组织做触片或涂片，革兰染色镜检，如果观察到"V"形排列的革兰阳性小球杆菌，可诊断为鸭李氏杆菌病。

（4）与鸭黄曲霉毒素中毒的鉴别 鸭黄曲霉毒素中毒轻重与鸭只年龄和食入的毒量有关，雏鸭严重可出现突然死亡，或表现共济失调，拱背及尾下垂或呈企鹅状，腿及爪蹼皮下出血、呈紫红色，死亡率可达 100%，成年鸭多表现腹泻、贫血、消瘦、衰弱，产蛋率和孵化率降低，而维生素 B_1 缺乏症，雏鸭症状严重，其发病率较高，但死亡率较低，雏鸭表现脚软无力，强迫其行走时易跌倒，头偏向一侧或呈"观星状"，最后出现角弓反张或衰竭而死，成年鸭常无明显症状，只是产蛋率和孵化率也出现明显降低，死胚增加，可造成出壳不久的雏鸭发病；鸭黄曲霉毒素急性中毒表现肝脏肿大、呈土黄色或苍白，质地变硬、有出血点，胆囊扩张，肾脏苍白、肿大，慢性中毒表现肝硬化、其颜色发黄，腹腔和心包腔积液，而维生素 B_1 缺乏症皮下水肿，皮下脂肪胶样浸润，肾上腺肥大，生殖器官和消化道萎缩，十二指肠溃疡，心脏轻度萎缩但右心室扩张。

（5）**与维生素 B_2 缺乏症的鉴别** 维生素 B_2 缺乏症主要发生于 2 周龄至 1 月龄的雏鸭，可致食欲下降，羽毛松乱无光泽，生长受阻，行动迟缓，病重鸭表现的特征性症状是趾爪向内弯曲呈握拳状，瘫痪多以飞节着地，或两翅伏地以保持平衡，成年鸭仅表现生产性能下降，种蛋孵化率下降，胎胚出现结节状绒毛，颈部弯曲，躯体短小，关节水肿，贫血，而维生素 B_1 缺乏症，雏鸭日粮中缺乏 1 周左右即可出现临床症状，病鸭也可出现羽毛松乱、生长受阻等症状，但随病情发展还可出现两腿无力、步态不稳，常见倒地后两腿呈划水状前后摆动，很难站立，头颈常偏向一侧或扭转甚至呈"观星状"或无目的转圈奔跑，这种症状多为阵发性，且日益严重，最后抽搐而亡，成年鸭也表现生产性能低下；维生素 B_2 缺乏症，其内脏器官无明显变化，主要见整个消化道空虚，肠壁变薄，黏膜萎缩，肠腔内有泡沫状内容物，病重鸭可见坐骨神经肿大，为正常的 4 ~ 5 倍，种鸭缺乏维生素 B_2 时可导致出壳后的雏鸭颈部皮下水肿，且前期死淘率较高，而维生素 B_1 缺乏症可见胃肠壁严重萎缩，十二指肠溃疡，肠黏膜有明显炎症，心脏轻度萎缩，雏鸭生殖器官萎缩，睾丸比卵巢的萎缩更明显，皮肤常呈现广泛性的水肿，皮下脂肪胶样浸润。

【临床用药】 保证饲料中维生素 B_1 的含量充足至关重要；妥善保存好饲料，防止霉变、受热（尤其冬天远离加热源）等；饲料不宜储存太久；当雏鸭采食大量鱼虾类时，应注意在饲料中补充足量的维生素 B_1。

鸭群一旦发病，应及时调整饲料配方，增加富含维生素 B_1 的饲料，或按每 50 千克饲料添加维生素 B_1 1 ~ 2 克，连用 7 ~ 12 天。病鸭可口服维生素 B_1，雏鸭每次 5 毫克，成年鸭每次 9 ~ 10 毫克，每天 1 次，连用 7 ~ 10 天；个别严重的病鸭也可肌内注射维生素 B_1，雏鸭 1 ~ 2 毫克，成年鸭 5 毫克，每天 1 ~ 2 次，连用 5 ~ 7 天。

九、锰缺乏症

锰缺乏的病因有 3 个：一是因母鸭缺锰引起幼鸭先天性缺锰所致；二是饲料中锰元素的含量不足；三是饲料中钙、磷、铁、钴的含量过大，影响了锰的吸收。在肠道内，锰与钙、磷、铁、钴有共同的吸收部位，日粮中这些元素的含量过高，可竞争性地抑制锰的吸收，造成锰的缺乏；鸭患球虫病等胃肠疾病时，会妨碍锰的吸收

【临床症状】　膝关节异常肿大，病鸭腿部弯曲或扭转，不能站立（图3-45、图3-46）；产蛋母鸭产的蛋的孵化率显著下降，胚胎在出壳前死亡；胚胎表现腿短而粗，翅膀变短，头呈球形，鹦鹉嘴，腹膨大。

图3-45　脚掌内翻、瘫痪

图3-46　鸭蹼内转，不能站立，只能用胫跗关节支撑

【剖检病变】　跗跖骨短粗，近端粗大变宽，胫跗骨、腓肠肌腱移位甚至滑脱移向关节内侧（图3-47、图3-48），跗跖骨关节处皮下有一层白色的结缔组织，因关节长期着地而造成该处皮肤变厚、粗糙。关节腔内有脓性液体流出，局部关节肿胀。

图3-47　右侧关节肿大，肌腱脱落，左侧正常

图3-48　双侧肌腱滑脱

【类症鉴别】 诊断本病应与鸭坦布苏病毒病、维生素 D 缺乏症、维生素 B₂ 缺乏症、胆碱缺乏症、烟酸缺乏症、鸭短喙侏儒综合征和氟中毒等相鉴别。

（1）**与鸭坦布苏病毒病的鉴别** 详见"鸭坦布苏病毒病的类症鉴别"第 8 条。

（2）**与维生素 D 缺乏症的鉴别** 详见"维生素 D 缺乏症的类症鉴别"第 1 条。

（3）**与维生素 B₂ 缺乏症的鉴别** 维生素 B₂ 缺乏症主要发生于 2 周龄至 1 月龄的雏鸭，可致生长发育缓慢，消瘦，羽毛卷曲、蓬乱无光泽，食欲下降，腹泻，行动缓慢，病重鸭表现的特征性症状是趾爪向内弯曲呈握拳状，瘫痪多以飞节着地，或两翅伏地以保持平衡，成年鸭仅表现生产性能下降，种蛋孵化率下降，胎胚出现结节状绒毛，颈部弯曲，躯体短小，关节水肿，贫血，而锰缺乏症也是雏鸭严重，种鸭累及鸭胚，雏鸭出现骨短粗症，跗关节增大，胚体明显水肿，刚孵出的雏鸭表现翅短，腿短粗，头呈球形，下颌短呈鹦鹉嘴；维生素 B₂ 缺乏症，其内脏器官无典型病变，主要见尸体极度消瘦，整个消化道空虚，胃肠黏膜变薄呈半透明状，肠腔内有泡沫状内容物，病重鸭可见坐骨神经肿大，为正常的 4~5 倍，质地柔软而失去弹性，种鸭缺乏维生素 B₂ 时可导致出壳后的雏鸭颈部皮下水肿，且前期死淘率较高，而锰缺乏症的病鸭横纹肌和脂肪组织萎缩，跗跖骨短粗，跖骨和趾骨向内弯曲，跗关节肿胀，关节腔内有大量黏性液体。

（4）**与胆碱缺乏症的鉴别** 胆碱缺乏症与锰缺乏症在临床症状上非常相似，确实难以区分。胆碱缺乏症表现出明显的胫骨短粗症，发病初期可见跗关节轻度水肿，其周围有针尖大小出血点，继而胫跗关节由于跖骨的扭曲而变平，跖骨进一步扭曲则会变弯或呈弓形，病腿失去支撑力，关节软骨严重变形，后期病鸭多呈现跛行，严重者甚至瘫痪，而锰缺乏症主要表现跗关节变粗且宽，两腿弯曲成扁平，胫骨下端与跖骨上端向外扭曲，长骨短而粗，腓肠肌腱从踝部滑落，腿垂直外翻且不能站立、行走困难；胆碱缺乏症的成年鸭产蛋量下降，由于饲料中脂类含量较高，不易吸收而造成脂肪肝，治疗不及时可引起死亡，而锰缺乏症的成年鸭除了产蛋量下降外，还有蛋壳硬度降低，种蛋孵化率降低，胚体多数发育异常，孵出的雏鸭骨骼发育迟缓，腿短粗，两翅较硬，头圆似球形，上下喙不成比例而成鹦鹉嘴状，腹部膨大；胆碱缺乏症肝脏肿大、质脆，色泽变黄，呈现脂肪肝，肝脏表面有出血点，甚至肝被膜破裂、出血并可看到凝血块，肾脏及其他器官有脂肪浸润和变性，而锰缺乏症则无此病变；胆碱缺乏症表现在胫骨和跗骨变形，关节轻度肿大，跟骨滑脱呈现滑腱症，而锰缺乏症表现在跖、趾关节肿大，多见跖骨与趾骨向内侧弯曲，故造成腓肠肌腱移位甚至滑脱而呈现滑腱症，还可见跗跖骨关节处皮下有一层白色的结缔组织，由于长期着地而造成该处皮肤粗糙变厚，其局部关节肿胀，关节腔内有脓性液体流出。

（5）与烟酸缺乏症的鉴别　烟酸缺乏症多见于雏鸭，主要表现口炎，其典型症状是"黑舌"，胫跗关节肿大，胫骨短粗，双腿弯曲，行走时两腿交叉呈模特步，羽毛蓬乱，皮肤出现皮炎（头部和爪更明显）并有化脓性结节，成年鸭可见羽毛蓬乱无光，甚至脱落，皮肤有鳞状皮炎，体重减轻，产蛋量和孵化率下降，而锰缺乏症主要表现跗关节变粗且宽，两腿弯曲成扁平，胫骨下端与跗骨上端向外扭曲，长骨短而粗，腓肠肌腱从髁部滑落而造成滑腱症，腿垂直外翻且不能站立、行走困难；烟酸缺乏症，雏鸭口腔和食道黏膜有炎性渗出物，十二指肠溃疡，盲肠和结肠黏膜上有豆腐渣样物覆盖，肠壁增厚、易断，产蛋鸭的肝脏颜色变黄、易碎，易导致脂肪肝，而锰缺乏症则无此病变，但种鸭缺锰时可造成种蛋孵化率降低，胚体发育异常，孵出的雏鸭可见上下喙不成比例而成鹦鹉嘴状。

（6）与鸭短喙侏儒综合征的鉴别　鸭短喙侏儒综合征主要发生于13～40日龄的肉鸭，无明显季节性，本病即可垂直传播，也可水平传播，发病率在5%～20%之间，严重者可高达40%左右，死亡率很低，但严重影响生长速度，而锰缺乏症属于代谢性疾病，故无传染性，也是生长期雏鸭严重，种鸭累及鸭胚，雏鸭和鸭胚发病率高；鸭短喙侏儒综合征生长较慢，鸭群大小不均，病鸭逐渐出现上、下喙短缩且钝圆，鸭舌突出外露、向下弯曲、僵硬不灵活，露出的舌尖可因脱水而干瘪，而锰缺乏症也有生长发育受阻，但无鸭喙缩短和鸭舌外露的症状，只是表现跗关节变粗且宽，两腿弯曲成扁平，腓肠肌腱从髁部滑落，腿垂直外翻且不能站立、行走困难；鸭短喙侏儒综合征剖检可见鸭舌短小、肿胀、胸腺肿大、出血，骨质疏松，肠黏膜出血，肠腔内可出现栓塞物，而锰缺乏症则无此病理变化；种鸭锰缺乏症时，其种蛋孵出的雏鸭可见上下喙不成比例而成鹦鹉嘴状，而鸭短喙侏儒综合征一般不会引起成年鸭发病。

（7）**与氟中毒的鉴别** 氟中毒的急性中毒较少见，可引发急性胃肠炎和低钙血症，慢性中毒最常见，其与鸭锰缺乏症临床上极为相似。慢性氟中毒时，病鸭行走时双脚叉开呈八字脚，跗关节因着地而行变得肿大，严重的可出现跛行或瘫痪，腹泻，由于饮水、采食困难而表现脱水、衰竭，蹼干瘪，产蛋母鸭产畸形蛋和沙壳蛋增多，产蛋量及受精率明显下降，而锰缺乏症雏鸭除了表现跗关节肿大、跛行或瘫痪外，一般不见腹泻现象，但种鸭缺锰时可造成种蛋孵化率降低，胚体发育异常，孵出的雏鸭可见上下喙不成比例而成鹦鹉嘴状；急性氟中毒呈现急性或出血性胃肠炎，慢性氟中毒的幼鸭表现贫血、消瘦，脂肪胶样浸润，长骨和肋骨变软，上喙柔软似橡皮样，肾脏肿胀、其输尿管内有尿酸盐沉积，而锰缺乏症无这些病理变化。

【临床用药】

（1）**预防** 饲料中加入一定量的米糠，可防止锰缺乏症。

（2）**治疗** 处方：每千克饲料中加硫酸锰 0.1～0.2 克或 0.005%～0.01% 高锰酸钾溶液饮水，连喂 2 天，停 2～3 天后再加。

十、脂肪肝综合征

脂肪肝综合征是指鸭体内脂肪代谢障碍，大量脂肪沉积于肝脏，从而引起肝脏发生脂肪变性的一种疾病。本病多发生于冬季和早春季节，临床上主要见于肉用鸭和营养良好的产蛋鸭。主要是因为长期给鸭饲喂单一的能量饲料、青饲料缺乏、放牧或户外运动太少等而诱发本病。

【临床症状】 在育肥期的肉用鸭群及产蛋高的鸭群或产蛋高峰期多发，病鸭通常体况良好而突然发生死亡；产蛋鸭发病时表现为产蛋量明显下降，有的在产蛋过程中死亡；有的在捕捉时由于惊吓而死亡。

【剖检病变】 皮肤和肌肉苍白、贫血，皮下、腹腔和肠系膜均有大量的脂肪沉积。肝脏肿大，呈黄褐色脂肪变性，肝脏质脆、易碎，表面有出血斑点（图 3-49）。腹腔内有大量的凝血块，或肝脏表面覆有血凝块，常以一侧肝叶多见。

【类症鉴别】 诊断本病应与肉鸭腹水症、中暑、鸭黄曲霉毒素中毒、鸭大肠杆菌病和鸭沙门菌病等相鉴别。

（1）与肉鸭腹水症的鉴别　肉鸭腹水症多发生于 2～7 周龄的肉鸭，公鸭更易发生，冬、春寒冷季节及高海拔地区多发，发病率一般为 5%～25%，死亡率较低，但淘汰率高，精神委顿，喜卧，羽毛蓬松，腹部膨大有波动感，而脂肪肝综合征主要发生于肉用仔鸭和产蛋母鸭，高温炎热季节多发，发病率较高，但临床表现轻重不一，肉鸭死亡率一般不超过 6%，有时可高达 20% 以上，行动迟缓，卧地不起，不愿下水，强行驱赶常拍翅爬行，随后昏迷或痉挛而死，死亡鸭只多体况良好或较肥胖，母鸭表现产蛋量急剧下降 40%，严重者其主翼羽易拔下、脱落，

图 3-49　肝脏肿大、呈黄褐色，质脆、易碎，有出血斑

不愿下水；肉鸭腹水症全身皮肤、喙、蹼及骨骼肌发绀，腹腔内有大量茶色或啤酒样积液，有的可见纤维素絮状凝块，心包积液，肝脏肿大、钝圆且质地坚实，而脂肪肝综合征尸体肥胖，肝脏肿大，颜色发黄有油腻感，质脆如泥，肝被膜下有大小不等的出血点或坏死灶，甚至肝被膜破裂大出血，血凝块覆盖在肝脏表面似"二重"肝。

（2）与中暑的鉴别　中暑和脂肪肝综合征均多发生于炎热的夏、秋季节，主要见于体格肥胖的肉用仔鸭和成年鸭。中暑主要表现体温升高，采食减少，呼吸急促，张口喘气，口渴，排水便，双翅张开下垂，颤抖，步态不稳，痉挛倒地，虚脱而死，成年鸭产蛋量下降且薄壳蛋和软壳蛋数量增多，而脂肪肝综合征主要表现精神不振，采食减少，功能性拉稀，行动迟缓，卧地不起，不愿下水，强行驱赶常拍翅爬行，随后昏迷或痉挛而死，母鸭表现产蛋量急剧下降 40%，严重者其主翼羽易拔下、脱落，不愿下水；中暑肺脏瘀血、水肿，全身静脉瘀血，血液凝固不良，脑膜充血、出血，脑实质水肿，心冠脂肪出血，心外膜及心内膜出血，而脂肪肝综合征肝脏肿大，其颜色发黄有油腻感，质脆如泥，肝被膜下有大小不等的出血点或坏死灶，甚至肝被膜破裂大出血，血凝块覆盖在肝脏表面。

（3）与鸭黄曲霉毒素中毒的鉴别　鸭黄曲霉毒素中毒的轻重与鸭只

年龄和食入的毒量有关，雏鸭和育成鸭严重者可突然死亡，或表现共济失调，拱背及尾下垂或呈企鹅状，腿及爪蹼皮下出血、呈紫红色，死亡率很高，成年鸭多表现腹泻、贫血、消瘦、衰弱，产蛋率和孵化率降低，而脂肪肝综合征则表现精神不振，采食减少，拉稀，卧地不起，不愿活动，不愿下水，强行驱赶常拍翅爬行，随后昏迷或痉挛而死，母鸭表现产蛋量急剧下降；鸭黄曲霉毒素急性中毒表现肝脏肿大、呈土黄色，质地变硬、有出血点，胆囊扩张，肾脏肿大、苍白，慢性中毒表现肝硬化、发黄，常见腹腔积液和心包积液，而脂肪肝综合征也呈现肝脏肿大、颜色发黄和有出血点，但脂肪肝综合征的肝脏还有质地柔软、脆性如泥并有油腻感，常见肝被膜破裂而造成大出血，血凝块覆盖在肝脏表面似"二重"肝。

（4）与鸭大肠杆菌病的鉴别　详见"鸭大肠杆菌病的类症鉴别"第7条。

（5）与鸭沙门菌病的鉴别　详见"鸭沙门菌病的类症鉴别"第10条。

【临床用药】

（1）预防

1）对于产蛋鸭应适当控制稻谷的喂量，并在饲料中添加多种维生素和微量元素；对于肉用鸭应控制配合饲料的饲喂量。

2）消除诱发因素，禁喂霉变饲料；舍养的产蛋鸭应增加户外活动量。

3）在产蛋前要实行限饲，以控制体重。开产后饲料中应提高1%～2%蛋白质含量，并加入一定量的麦麸（麦麸中含有控制脂肪代谢的必要因子）。此外，在日粮中增加富含亚油酸的饲料也可降低发病率。

（2）治疗　患病鸭群应适当降低高能量和高蛋白质饲料的比例，并实行限饲。每千克饲料中添加氯化胆碱1克、维生素E 1000国际单位、维生素B_1 12毫克、肌醇900～1000毫克，连续饲喂；或每只鸭喂服氯化胆碱0.1～0.2克，连服10天。

十一、鸭痛风

鸭痛风是由于机体内蛋白质代谢障碍，尿酸在血液中大量蓄积所引起的营养代谢性疾病。其特征为在关节、内脏及皮下结缔组织等处出现尿酸盐沉积，可引起高尿酸血症。在生产实践中，鸭痛风的病例时有发生，特别是幼龄的肉仔鸭和围养产蛋鸭。

【临床症状】 鸭痛风多呈慢性经过，根据尿酸盐沉积的部位不同，分为关节型痛风和内脏型痛风，有些病例可出现混合型痛风。

（1）关节型痛风 在发病初期，鸭健康状态良好，由于尿酸盐在指关节、腕关节、肘关节等部位沉积，使关节肿胀，界限多不明显，出现跛行，以后则形成硬而轮廓明显的结节，该结节破裂后会排出灰黄色干酪样尿酸盐结晶，局部出现出血性溃疡。有些病例翅、腿关节显著变形，活动困难，呈蹲坐或独肢站立姿势。

（2）内脏型痛风 此型比较多见，但在临床上不易发现。在发病初期无明显症状，主要是呈现营养障碍，血液中尿酸水平增高。病鸭精神不振，食欲减退，经常排出白色半黏液状稀粪，内含有大量的灰白色尿酸盐，肛门附近常见白色的污粪。病鸭不愿活动，也不愿下水，或下水后不愿戏水。病鸭日渐消瘦，贫血，严重时可能突然死亡。产蛋母鸭的产蛋量下降，甚至停产，蛋的孵化率降低，或者死胚增多。该型痛风的发病率较高，有时可波及全群。

【剖检病变】

（1）关节型痛风 此型痛风的病变在于关节（多见于趾关节）滑膜和腱鞘、软骨、关节周围组织、韧带等处有白色的尿酸盐晶状物。有些病例的关节面及关节周围组织出现坏死、溃疡。有的关节面发生糜烂；有的呈结石样的沉积垢（图3-50），称其为痛风石或者痛风瘤。

（2）内脏型痛风 肾脏肿大，色浅，表面有尿酸盐沉积而形成白色斑点（图3-51）。输尿管变粗，管壁变厚，管腔内充满石灰样沉积物。甚至出现肾结石和输尿管阻塞。有些病例输尿管里充满了已经变硬的灰白色尿酸盐所形成的柱状物，将其取出易折断并发出声响。严重病例在胸腹膜、心脏、肝脏、脾脏、肠浆膜表面、肌肉表面及气囊壁、输卵管等处布满疏松的白色尿酸盐斑块（图3-52、图3-53）。

【类症鉴别】 诊断本病应与维生素D缺乏症、磺胺类药物中毒和鸭葡萄球菌病等相鉴别。

（1）与维生素D缺乏症的鉴别 详见"维生素D缺乏症的类症鉴别"第3条。

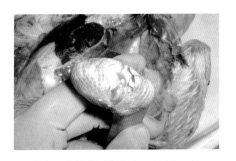

图 3-50　关节腔内有白色尿酸盐沉积

图 3-51　肾脏肿大，其内有大量白色尿酸盐沉积

图 3-52　心脏表面沉积有大量白色尿酸盐

图 3-53　肝脏表面沉积白色尿酸盐

（2）与磺胺类药物中毒的鉴别　磺胺类药物急性中毒可造成大批鸭只突然发病和死亡，主要表现兴奋不安、摇头、共济失调、痉挛、麻痹等脑神经症状，慢性中毒表现羽毛松乱、食欲减退、饮欲增加，继而腹泻或便秘，严重贫血，可视黏膜苍白或黄染，成年鸭产蛋量下降，软壳蛋和薄壳蛋增多，而鸭痛风不会出现脑神经症状，多呈现零星发病，其内脏型排白色稀便，日渐消瘦而死亡，有的也出现突然死亡，关节型痛风其病鸭多个关节肿胀、变形且跛行；磺胺类药物中毒可见皮下、胸肌、大腿内侧肌肉明显出血，肝脏肿大、呈黄红色、有散在出血斑和坏死灶，肾脏肿大、呈土黄色、有出血斑，输尿管有尿酸盐，脾脏肿大、有出血点和灰白色梗死区，肠道出血，雏鸭的骨髓变为黄红色，而鸭痛风不会出现出血性变化，内脏型痛风可见肾脏肿大并有大量白色尿酸盐沉积，多个组织器官布满白垩粉末状尿酸盐，关节型痛风其关节腔内有白色尿酸盐沉积。

（3）与鸭葡萄球菌病的鉴别 鸭葡萄球菌病是由金黄色葡萄球菌引起的一种急性、败血型或慢性传染病，主要表现为急性败血症、化脓性关节炎，雏鸭脐炎和眼炎，幼鸭肺炎，成年鸭趾瘤病，而鸭痛风却是一种蛋白质代谢障碍性疾病，特征是在体内产生大量尿酸盐和尿酸结晶，并沉积于鸭的内脏、关节囊、关节软骨、肾小管及输尿管中，使其在临床上主要表现运动迟缓，腿和翅关节肿大，跛行，排白色稀粪，逐渐消瘦和贫血。

【临床用药】 对于已经发病鸭群，尚无有效疗法，建议对症治疗。

1）减少饲料中的蛋白质含量，避免使用含有核蛋白的物质，适当提高多种维生素尤其是维生素 A 的含量，多饲喂青绿饲料。

2）为了加快尿酸盐的排泄，可选用体内化解尿酸盐的肾解药，参照说明书使用。

3）可试用阿托方（又名苯基喹啉羟酸），每千克体重 0.2～0.5 克，口服，每天 2 次，3～5 天为 1 个疗程。如有肝肾疾病的鸭群，禁止使用。此药的作用是增强尿酸的排出，减少体内尿酸的积蓄，减轻关节疼痛。而患痛风的病鸭多数伴有肝肾机能不全，因此，这种药物的使用只适用于早期患病的鸭群。

4）别嘌呤醇每千克体重口服 10～30 毫克，每天 2 次。但用药期间可导致急性痛风发作。另外，给予秋水仙碱，每次 50～100 毫克，每天 1次，能使急性痛风缓解。每只肌内注射硫胺素（维生素 B_1）注射液 5 毫克，每天 1 次，连用 3～5 天，对重症病鸭疗效较佳。适当饮用利尿药，如 0.25% 柠檬酸钠（枸橼酸钠）溶液，1.25% 小苏打（碳酸氢钠）溶液，或 1% 车前草、金钱草溶液，每天饮用 2～4 小时，视病情轻重，酌情使用2～3 天，但应避免过量。

十二、中暑

中暑是家禽热射病与日射病的总称。鸭群由于烈日暴晒，环境气温过高导致其中枢神经紊乱、心衰猝死的一种急性病。本病常发生于炎热季节，鸭群处于烈日暴晒之下或处于闷热的栏舍中，会突然发生零星的或众多的鸭只猝死，且以体型肥胖的鸭只易发病。

【临床症状】 本病的特征症状是鸭群突然发病，病鸭一般表现为烦躁不安、战栗，两翅张开，走路摇摆，站立不稳，呼吸急促，体温升高，跌倒翻滚，两脚朝天，如果在水中会不时扑打翅膀，最后昏迷、麻痹或痉挛死亡。

【剖检病变】 病死鸭大脑实质及脑膜不同程度充血、出血、水肿（图3-54）；心脏颜色变浅，似热水烫过样，变得柔软，心内、外膜出血（图3-55、图3-56）；肝脏肿大、出血，脂肪变性（图3-57），偶尔在肝脏表面可见出血块；肺脏瘀血、出血、水肿（图3-58）；胰腺水肿、自溶（图3-59），有时可见潮红、出血；腺胃变薄变软、瘀血、水肿（图3-60），肠黏膜

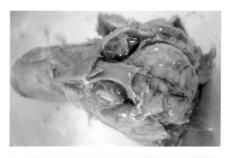

图 3-54 脑膜充血，脑组织水肿

有瘀血；其他组织也可见有瘀血和出血。另外，刚死亡的鸭只，其胸腹内的温度升高，热可灼手。

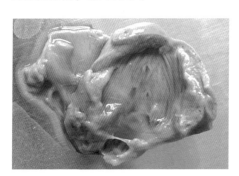

图 3-55 心内膜出血

图 3-56 心外膜出血，
肺脏呈紫红色

【类症鉴别】 诊断本病应与鸭坦布苏病毒病和脂肪肝综合征等相鉴别。

（1）**与鸭坦布苏病毒病的鉴别** 详见"鸭坦布苏病毒病的类症鉴别"第10条。

（2）**与脂肪肝综合征的鉴别** 详见"脂肪肝综合征的类症鉴别"第2条。

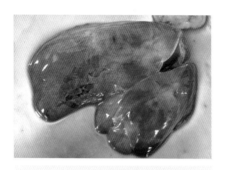

图3-57　肝脏肿大、出血，脂肪变性

图3-58　肺脏瘀血、水肿

图3-59　胰腺水肿、自溶

图3-60　腺胃黏膜瘀血、水肿

【临床用药】

（1）预防

1）防暑降温。加强鸭舍内通风换气，有条件的可安装排气扇、吊扇，增加空气流通速度，保证室内空气新鲜；在鸭舍周围栽阔叶树木遮阳或搭盖遮阳棚，窗户上也要安装遮阳棚，避免阳光直射；每天向鸭舍房顶喷水或鸭体喷雾1～2次（14：00左右，19：00左右），有防暑降温之效。

2）充分供应饮水。高温季节鸭的饮水量是平时的7～8倍，要保证饮水的供应。为有效控制中暑的发生，可在饮水中加入0.15%～0.3%氯化钾、0.5%小苏打（碳酸氢钠）和按150～200毫克/千克的比例添加维生素C。

3）调整营养结构。适当调整饲料的营养水平，在饲料中添加2%～3%的脂肪，可提高鸭的抗应激能力。在产蛋鸭日粮中加喂1.5%动物脂肪（需同时加入乙氧喹类等抗氧化剂），能增强饲料的适口性，提高产蛋率和饲料的转化利用率；提高日粮中蛋氨酸和赖氨酸的含量；加倍补充 B 族维生素和维生素 E，可增强鸭的抗应激能力。同时，在饲料中添加 0.004%～0.01% 杆菌肽锌，可降低中暑，提高饲料的转化率。

4）药物保健添加大蒜素。大蒜素具有抗菌杀虫、促进采食、帮助消化和激活动物免疫系统的作用，可在饲料中按说明添加使用。此外，将生石膏研成细末，按 0.3%～1% 混饲，有解热清火之效。添加中药，方剂：滑石 60 克、薄荷 10 克、藿香 10 克、佩兰 10 克、苍术 10 克、党参 15 克、金银花 10 克、连翘 15 克、栀子 10 克、生石膏 60 克、甘草 10 克，粉碎过 100 目筛混匀，以 1% 的比例混料，每天 10∶00 喂给，可清热解暑。

5）加强饲养管理。坚持每天清洗饮水设备，定期消毒，及时清理鸭粪，消灭蚊蝇。改进饲喂方式，以早晚进行饲喂为主。减少对鸭的惊扰，控制人员、车辆出入，防止病原菌传入。放牧应早出晚归，并选择凉爽的地方放牧。

（2）治疗　鸭群一旦发生中暑，应立即进行急救，把鸭群赶入水中降温，或赶到阴凉的地方，给予充足的清洁饮水，并用冷水喷淋头部及全身；个别患病鸭还可放在冷水里短时间浸泡，然后喂服酸梅加冬瓜水或 3%～5% 红糖水解暑。少量鸭发病时，可口服 2%～3% 的冷盐水，也可用冷水灌肠（若鸭体温很高，不宜降温太快）。

病重的小鸭每只可喂仁丹半粒和针刺翼脉、脚盘穴。

中暑严重的鸭可放趾静脉血数滴。不定时地让鸭饮用 5%～10% 的绿豆糖水和维生素 C 溶液。

第四章

鸭被皮系统疾病的鉴别诊断与防治

第一节 被皮系统疾病的诊断思路及鉴别诊断要点

一、诊断思路

禽类的被皮系统包括皮肤、羽毛及其他衍生物，皮肤衍生物有冠、肉髯和耳垂，以及喙的角质、脚上的鳞片、爪和趾。我们在诊断时发现这些部位如果出现异常可能是原发性的，但是，多数为某些疾病的外部表现或继发感染，所以在诊断被皮系统疾病的时候，要仔细观察、全面了解、认真分析，方可做出初步诊断，必要时进行实验室检测，最后得出准确诊断即确诊。

诊断鸭的被皮系统疾病，应由表及里、由外及内，先查羽毛、后查皮肤，最后推断损害的性质及发病的原因。首先要注意鸭的羽毛是不是完整、生长得是否牢固、有无光泽。健康鸭羽毛平整、富有光泽、生长牢固。如果羽毛光洁度差且枯燥、易掉落，这种情况可考虑营养不良问题，如饲料中日粮不全、消化系统疾病或寄生虫感染等；如果羽毛大面积脱落，且局部皮肤出现湿性坏疽，可考虑鸭痘或外伤引发鸭葡萄球菌病；如果羽毛易脱落或自行脱落且毛根出血，可考虑鸭疱疹病毒性出血症；如果鸭皮下充血及出血，要考虑鸭流感；如果全身皮肤瘀血、发紫，且腹部膨大，可能是鸭腹水症；如果鸭的两个眶下窦处皮肤鼓起，可能是鸭传染性窦炎或鸭疫里默氏杆菌病；如果眼睛流泪并浸湿其周围的羽毛，可提示鸭流感、鸭瘟或衣原体感染；如果皮肤上出现黄豆粒大小的黑色结痂，可能是鸭痘；如果上喙先起水疱后起皮，随后褪色再卷曲，要考虑鸭光过敏症或喹乙醇中毒；如果鸭爪上出现单个或数个趾瘤，要考虑鸭葡萄球菌病；

140

如果鸭蹼充血和出血，要考虑鸭流感；如果鸭蹼瘀血、呈紫黑色，要考虑鸭疱疹病毒性出血症。总之，在诊断鸭被皮系统疾病时，一定要做到认真、仔细、全面，才能防止误诊。

二、鉴别诊断要点

鸭常见被皮系统疾病的鉴别诊断要点见表4-1。

表4-1 鸭常见被皮系统疾病的鉴别诊断要点

病名	发病年龄	流 行 特 点	发病率	死亡率	临 床 特 点	剖 检 特 点
鸭疱疹病毒性出血症	主要发生于10～55日龄的鸭群	不分品种；无明显季节性，但阴雨连绵、寒冷或气温骤变时病情严重；多为散发	35日龄前可达80%以上，35日龄以后，其发病率逐渐下降	35日龄前可达80%，35日龄以后，其死亡率也逐渐下降	双翅羽毛管内出血、呈紫黑色，易脱落；体端末梢呈紫黑色；口流黄水；多在2～3天内死亡；排白色或绿色稀便；死前呈现角弓反张	特征性病变是全身组织器官出血或瘀血，如肝脏、脾脏、肾脏、胰腺、肠管、法氏囊及大脑等
鸭痘	鸭易感性低。各种日龄的鸭均可感染，但雏鸭较严重	秋、冬季节多发，秋季和冬初易发生皮肤型、冬季易发生黏膜型	鸭发病率低，主要发生于鸡和火鸡	低	有皮肤型、黏膜型和眼型，也时常出现混合性鸭痘，但皮肤型约占90%	痘样结节干涸后结痂，痂落后出现暂时性疤痕
鸭短喙侏儒综合征	主要发生于13～40日龄的肉鸭	无明显季节性。本病既可垂直传播，也可水平传播	5%～20%之间，严重者可高达40%左右	低	生长较慢，鸭群大小不均，病鸭逐渐出现上、下喙短缩钝圆，鸭舌突出外露、向下弯曲、僵硬不灵活	舌短小、肿胀，胸腺肿大、出血，骨质疏松。肠黏膜出血，典型的在肠道中形成肠栓

141

（续）

病名	发病年龄	流 行 特 点	发病率	死亡率	临 床 特 点	剖 检 特 点
鸭葡萄球菌病	不分品种和年龄，但雏鸭多呈现脐炎和急性败血症，成年鸭多呈现关节炎	一年四季均可发生。卫生条件不合格的孵化场及管理失宜的鸭场最易感染此菌。创伤是主要感染途径，也可通过消化道、呼吸道和脐孔感染	脐炎型和败血型较高，其余很低	脐炎型和败血型较高，其余很低	雏鸭脐炎；精神沉郁，排灰白色或黄绿色稀便；胸腹部及腿内侧皮下浮肿、呈紫黑色、有血样渗出液。成年鸭多见跗关节和趾关节肿胀、呈紫红色或紫黑色	雏鸭表现肝脏肿大、呈斑驳状；脾脏肿大、有白色坏死点；有的肺脏呈黑红色；紫黑色的皮下有红色胶冻样水肿液。关节炎型的病鸭可见其关节囊内有浆液性、纤维素性甚至干酪样渗出物
鸭丹毒	多发生于2～3周龄的幼鸭，成年鸭较少发生	本病无明显季节性，在饲喂了不合格的鱼及其下脚料后易发生，这可能是本病的传染源。主要是通过伤口感染，多为散发	鸭发病较少，主要是引起火鸡发病。鸭一旦发病，其发病率一般在20%～30%	病死率在25%左右	全身虚弱精神沉郁；有时下痢、呈黄绿色；呼吸急促；体温升高（43.5℃）；常于病后1～2天内猝死	全身羽毛拔光后可见皮肤表面有许多大小不等、形态不一的出血斑或广泛性的红斑；病死鸭可从口、鼻内流出暗黑色血样液体；脾脏肿大、质软、呈黑色
肉鸭腹水症	多发生于2～7周龄的肉鸭，公鸭更易发生	冬、春寒冷季节及高海拔地区多发	一般在5%～25%	死亡率较低，但淘汰率高	精神委顿，喜卧，羽毛蓬松，腹部膨大有波动感	全身皮肤、喙、蹼及骨骼肌发绀；腹腔内有大量茶色或啤酒样积液，有的可见纤维素絮状凝块；心包积液；肝脏肿大、钝圆，质地坚实

（续）

病名	发病年龄	流行特点	发病率	死亡率	临床特点	剖检特点
鸭光过敏症	不分年龄和品种，但白羽肉鸭最常见	一般常发生于5～10月阳光充足的季节，此时鸭群采食了含有光过敏性物质，再经阳光连续直射后便引起发病	一般在20%～60%，严重者高达90%	低	上喙及蹼背侧出现水疱，随后破溃、结痂，经10天左右脱痂，上喙变形、缩短，影响采食	上喙和蹼出现弥漫性炎症，上喙变色、变形；皮下血管断端有出血斑和胶样浸润；舌尖坏死；十二指肠卡他性肠炎；肝脏有时出现坏死点

第二节 常见被皮系统疾病的鉴别诊断与防治

一、鸭疱疹病毒性出血症

鸭疱疹病毒性出血症是由鸭疱疹病毒Ⅱ型引起的可侵害各品种鸭、各日龄鸭的出血性传染病，又称鸭出血症、鸭黑羽病、鸭乌管病和鸭紫喙黑足病等。我国的福建、广东、浙江等南方数省均有本病发生，且发生本病的病鸭群易并发或继发细菌性传染病（如鸭疫里默氏杆菌病、鸭大肠杆菌病等）或病毒性传染病（如雏鸭病毒性肝炎、鸭流感等），因而易被人们所忽视。本病多发生于10～55日龄的鸭群，但其他日龄段的鸭也有发病。本病的发生无明显的季节性，一年四季均有散发，但在气温骤降或阴雨寒冷天气时发病较多。

【临床症状】 本病的特征性临床症状为病鸭或病死鸭双翅羽毛管内出血或瘀血，外观呈紫黑色，出血变黑的羽毛管易断裂和脱落。病死鸭上喙端、爪尖、足蹼末梢周边发绀，也呈紫黑色。病、死鸭口、鼻中流出黄色液体，沾污上喙前端和口部周围的羽毛，有的羽毛甚至被染成黄色。

【剖检病变】 本病的特征性剖检病变为双翅羽毛管内出血（图4-1、图4-2）及组织脏器出血或瘀血。具体表现为肝脏稍肿大，呈树枝状出血或

143

瘀血（图4-3）；胰腺常出血，可见出血点或出血斑，或整个胰腺均出血、呈红色（图4-4）；小肠、直肠、盲肠明显出血（图4-5），有时在小肠段可见出血环；脾脏、肾脏、大脑、法氏囊等轻度出血或瘀血（图4-6）。

黄瑜 摄

图4-1　翅羽毛管出血、呈紫黑色

黄瑜 摄

图4-2　紫黑色羽毛管剪断后有血液流出

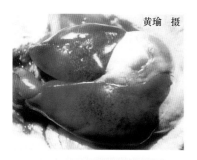
黄瑜 摄

图4-3　肝脏表面树枝状出血

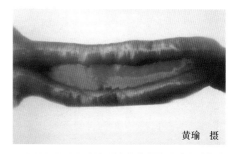
黄瑜 摄

图4-4　胰腺出血

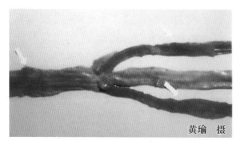
黄瑜 摄

图4-5　回肠、盲肠、结肠
和直肠黏膜出血

黄瑜 摄

图4-6　脾脏表面呈斑点状
和树枝状出血

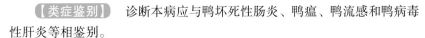

【类症鉴别】 诊断本病应与鸭坏死性肠炎、鸭瘟、鸭流感和鸭病毒性肝炎等相鉴别。

(1) 与鸭坏死性肠炎的鉴别 详见"鸭坏死性肠炎的类症鉴别"第2条。

(2) 与鸭瘟的鉴别 详见"鸭瘟的类症鉴别"第9条。

(3) 与鸭流感的鉴别 详见"鸭流感的类症鉴别"第9条。

(4) 与鸭病毒性肝炎的鉴别 详见"鸭病毒性肝炎的类症鉴别"第8条。

【临床用药】

(1) 预防

1) 加强隔离、卫生，从无感染区引种，避免与污染材料直接或间接接触。防止接触被本病毒污染的水环境，应采取一切措施防止水流散毒。当疫病传入后，采取扑杀、从污染环境中转出及环境清洁消毒等有效措施，并对所有易感雏鸭进行免疫接种。在未流行本病的地区，应进一步采取措施防止本病传入。

2) 免疫接种有主动免疫和被动免疫。主动免疫肉鸭于10日龄内肌内注射鸭疱疹病毒性出血症弱毒疫苗0.2~0.5毫升/只；种鸭或蛋用鸭在开产前10~12天于颈部背侧皮下再次注射鸭疱疹病毒性出血症灭活疫苗（0.5~1毫升/只）。被动免疫，对于有些鸭场，本病的发生多集中于某日龄段（如20~35日龄），其他日龄少见或不发病，仅需于发病日龄前2~3天注射鸭疱疹病毒性出血症高免卵黄抗体（1~1.5毫升/只）即可。

(2) 治疗

1) 加强隔离和消毒封闭育雏舍，避免闲杂人员进入。进入鸭舍的设备用具要消毒；鸭舍周围环境消毒，可采用2%火碱（氢氧化钠）、0.3%次氯酸钠、1%农福、复合酚消毒剂等喷洒；鸭舍内带鸭消毒用过氧乙酸、复合酚消毒剂、氯制剂等效果良好。

2) 药物治疗宜采取抗体疗法，同时配合抗病毒、抗继发感染等辅助疗法。

处方1：鸭疱疹病毒性出血症高免卵黄抗体（1.5~3毫升/只）注射，也可加入利巴韦林注射液一起注射，同时投服头孢氨苄可溶性粉以防继发细菌性传染病。

处方2：利巴韦林和聚肌胞合剂，肌内注射时每瓶（200毫升）用于

1000 只鸭，加入饮水中，每瓶加水 200 千克，连用 3 天。或复万金刚乙胺用于饮水（每 250 千克水加 50 克），每天 1 次，连用 3~5 天。注意：其他防治方案可参考鸭流感、鸭瘟、雏鸭病毒性肝炎等的治疗方案。

二、鸭痘

鸭痘是由痘病毒引起的一种接触性传染病，以表面和羽囊显著的暂时炎症过程和增生肥大，在细胞质内形成包涵体，最后变性上皮形成痂皮和脱落为特征。在一些病例的咽喉、食道出现类白喉样伪膜或增生性病变。本病可感染各种日龄的鸭，雏鸭比成年鸭易感染。

【临床症状】 各种日龄的鸭均可感染，雏鸭比成年鸭易感染。病初体温稍高，迟钝，食欲下降，产蛋量下降或完全停产。临床症状可分为皮肤型、口腔型和眼型 3 种不同类型。有时也出现皮肤型与眼型或与口腔型的混合型鸭痘。

（1）**皮肤型** 此型较多见，约占 90%。在鸭的嘴角和与鸭喙连接处、眼睑处皮肤上，出现大小不等的结节状痘样，并常融合成较大的疣状结节。有时在跗关节以下的足部趾或蹼上，也会出现结节状痘样疹。

（2）**口腔型** 最初在口角黏膜上出现灰白色痘疹，在口角处有结节样疹，痘疹逐渐变黄，后期形成溃疡，经 2 周左右愈合，不形成伪膜。

（3）**眼型** 病初有水样眼分泌物，后来逐渐形成脓性结膜炎，常将上下眼睑黏合在一起，严重时可导致失明。

【剖检病变】 一般鸭痘的病变除化脓期外，与鸡痘的各阶段相似，痘样结节状病变干涸后成痂，痂脱落后留下一个暂时性瘢痕。组织学变化可见，皮肤结节在上皮层细胞增生，个别细胞明显膨大似气球，在这样的多数细胞中有包涵体。

【类症鉴别】 诊断本病应与毛滴虫病、维生素 A 缺乏症和烟酸缺乏症等相鉴别。

（1）**与毛滴虫病的鉴别** 毛滴虫病临床上可分为急性型（多见于雏鸭）和慢性型（多见于成年鸭），其中，急性型可见病鸭精神委顿，食欲减少或废绝，吞咽困难，体温升高，活动困难，继而出现跛行，常常伏卧于地面上，头向下弯曲至颈部以下，蜷缩成一团，羽毛松乱，翅膀下垂，呼吸困难，下痢、其粪便呈浅黄色，而鸭痘却没有这些症状；毛滴虫病的

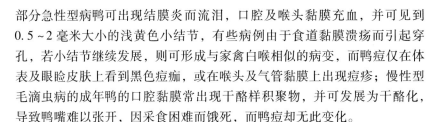

部分急性型病鸭可出现结膜炎而流泪，口腔及喉头黏膜充血，并可见到0.5～2毫米大小的浅黄色小结节，有些病例由于食道黏膜溃疡而引起穿孔，若小结节继续发展，则可形成与家禽白喉相似的病变，而鸭痘仅在体表及眼睑皮肤上看到黑色痘痂，或在喉头及气管黏膜上出现痘疹；慢性型毛滴虫病的成年鸭的口腔黏膜常出现干酪样积聚物，并可发展为干酪化，导致鸭嘴难以张开，因采食困难而饿死，而鸭痘却无此变化。

（2）**与维生素 A 缺乏症的鉴别**　维生素 A 缺乏症其雏鸭和幼鸭主要表现生长停滞，行动迟缓，步态不稳甚至不能站立，对外界刺激即可引起神经症状，喙和蹼颜色变浅，角质部分脱落，口腔伪膜如豆腐渣样，呼吸困难，常见流鼻液，出现结膜炎和角膜浑浊甚至穿孔，初期眼内流出浆液性泪液，后期浑浊似牛乳状分泌物并使上下眼睑黏合，严重者眼内积有大块白色干酪样物质，如不及时治疗其死亡率可达30%～50%，种鸭多为慢性经过，主要见呼吸道病和产蛋量下降，蛋黄颜色变浅，受精率和孵化率降低，死胚率增加，胚胎发育不良，而黏膜型鸭痘仅可见到结膜炎或呼吸困难，其发病率和死亡率都很低，无上述运动失调、外界刺激后的神经症状和口腔内如豆腐渣样伪膜等临床症状；维生素 A 缺乏症剖检可见眼、口腔、咽部、食道、食道膨大部及消化道等上皮角化，黏膜表面有白色的散在小疤状结节，而黏膜型鸭痘主要表现在喉头和气管黏膜上有痘疹样结节；维生素 A 缺乏症肾脏呈灰白色，肾小管内充满白色尿酸盐即出现花斑肾，往往内脏表面也有尿酸盐沉积，此种现象非体内尿酸代谢障碍，而是由于肾损伤引起尿酸排泄受阻所致，而鸭痘则无此变化。

（3）**与烟酸缺乏症的鉴别**　烟酸缺乏症多见于雏鸭，常见口腔黏膜发炎，消化不良和下痢，甚至停滞且体重减轻，羽毛稀少，皮肤发炎并有化脓性结节，骨短粗，跗关节肿大，腿骨弯曲但很少见到跟腱脱落，成年鸭的腿骨呈弓形弯曲，严重者可见腿关节韧带和腱松弛并出现运动障碍、共济失调、站立困难等一系列症状，甚至能致残，而鸭痘则无上述症状；烟酸缺乏症剖检除跗关节肿大、长骨短粗且弯曲外，还可见口腔和食道内常有干酪样渗出物，十二指肠溃疡，皮肤角化过度而增厚，小肠黏膜萎缩，盲肠和结肠黏膜上有豆腐渣样物覆盖，肠壁增厚且易碎，肝脏萎缩且脂肪变性，而黏膜型鸭痘仅表现在喉头和气管黏膜上有痘疹样结节，无上述其他剖检变化。

【临床用药】　本病尚无有效的治疗方法，也无疫苗进行免疫接种。一旦发生后，建议对症治疗，为了预防细菌性继发感染，也可用碘制剂涂擦局部。通常采取一般综合性防治措施。

三、鸭短喙侏儒综合征

鸭短喙侏儒综合征是由新型鹅细小病毒引起的鸭的一种传染病。2015年年初在我国安徽、江苏、山东等地相继发生，本病以雏鸭发育迟缓，上下喙短缩、舌头外伸、肿胀，感染后期胫骨和翅骨易发生骨折为特征。因鸭舌突出于嘴外不能自由采食、饮水，导致生长缓慢，料肉比高，且屠宰时易出现断腿折翅的残鸭，本病已成为危害肉鸭养殖的重要疫病之一。本病在法国、波兰的鸭群中均有发生。目前本病在我国大部分肉鸭饲养地区均有发生。

【临床症状】　大群鸭采食、精神基本正常，在雏鸭 5～6 日龄时，即可见部分鸭不愿行走，10 日龄左右陆续出现生长速度较慢的鸭，鸭群大小不均匀，病鸭逐渐出现上下喙短缩、钝圆（图 4-7），在 3 周龄后，鸭群中短喙和生长不良症状更加明显。鸭舌突出外露、向下弯曲，僵硬不灵活（图 4-8、图 4-9）。喙发生器质性病变后很难恢复，严重者影响采食，导致病鸭消瘦，精神不振；有的病鸭腿部无力，单腿跛行，常蹲伏，站立不稳甚至卧地不起。病鸭胫骨短粗、易骨折，屠宰脱毛时容易断腿、断翅。发病鸭排绿色、白色稀便。病鸭食欲不振，渴欲增加，精神委顿。随后出现呼吸困难、张口呼吸，病鸭喙部发绀，眼鼻有分泌物流出，有些病鸭死前出现角弓反张等神经症状。

图 4-7　上下喙短缩、钝圆，
鸭舌露于喙外

图 4-8　鸭舌突出外露、向下
弯曲，表现不灵活

【剖检病变】　剖检可见喙短钝圆，舌短小、肿胀，鸭舌突出外露（图4-10），胸腺肿大、出血，骨质疏松。肠黏膜出血，典型的在肠道中形成肠栓。病理组织学变化可见，病鸭舌呈间质性炎症，结缔组织基质疏松、水肿，胸腺髓质淋巴细胞与网状细胞呈散在性坏死，炎性细胞浸润，组织间质明显出血；胸腺组织水肿；肾小管间质出血，并伴有大量炎性细胞浸润，肾小管上皮细胞崩解凋亡，肾小管管腔狭小、水肿。

图4-9　鸭舌明显外露并向下弯曲

图4-10　屠宰后显示喙短钝圆，鸭舌突出外露

【类症鉴别】　诊断本病应与维生素A缺乏症、维生素D缺乏症、锰缺乏症和鸭光过敏症等相鉴别。

（1）与维生素A缺乏症的鉴别　维生素A缺乏症的雏鸭和幼鸭喙与蹼颜色变浅，角质部分脱落，口腔伪膜如豆腐渣样，流鼻液且呼吸困难，出现结膜炎和角膜浑浊甚至穿孔，初期眼内流出浆液性泪液，后期浑浊似牛乳状分泌物并使上下眼睑黏合，严重者眼内积有大块白色干酪样物质，而鸭短喙侏儒综合征其喙部发绀，眼、鼻有分泌物流出，但病鸭尚出现上下喙短缩且钝圆，舌尖暴露于喙外，严重影响采食而造成生长缓慢、体重减轻；维生素A缺乏症剖检可见眼、口腔、咽部、食道、食道膨大部及消化道等上皮角化，黏膜表面散在有白色的小疱状结节，肾脏内有大量白色尿酸盐形成花斑肾，内脏表面也常见尿酸盐沉积，而鸭短喙侏儒综合征则无这些剖检变化。

（2）与维生素D缺乏症的鉴别　详见"维生素D缺乏症的类症鉴别"第5条。

（3）与锰缺乏症的鉴别　详见"锰缺乏症的类症鉴别"第6条。

(4) 与鸭光过敏症的鉴别 鸭光过敏症不分年龄和品种，但白羽肉鸭最常见，一般常发生于5~10月阳光充足的季节，此时鸭群采食了含有光过敏性物质，再经阳光连续直射后便引起发病，而鸭短喙侏儒综合征主要发生于13~40日龄的肉鸭，无明显季节性，但本病属于传染病，既可垂直传播，也可水平传播；鸭光过敏症上喙及蹼背侧出现水疱，随后破溃、结痂，经10天左右脱痂，上喙严重变形、缩短，造成舌尖暴露而坏死，故影响采食，而鸭短喙侏儒综合征是由于病鸭上下喙同时缩短造成舌尖外露，因其僵硬不灵活而影响采食。

【临床用药】

（1）预防

1）早期感染和垂直感染是导致本病发生的重要原因，所以种鸭场应加强对本病的检疫净化。加强对孵化室、孵化器和育雏舍的消毒。全场实行全进全出，出栏后彻底清粪、冲洗。用2%的热火碱（氢氧化钠）喷洒过道、网架等，浸泡1小时后冲洗干净，晾干棚舍，进鸭前一周用0.2%次氯酸钠或0.5%福尔马林再次泼洒消毒，并有效通风换气。将水桶、水线、饮水器、料盘、料线用次氯酸钠或二氯异氰尿酸钠等浸泡消毒。场区内外道路、空地用火碱（氢氧化钠）、次氯酸钠等消毒，每周消毒2~3次。粪污做好防渗漏处理，并堆积发酵。

2）小鹅瘟疫苗可有效预防本病的发生。种鸭可在40~50日龄和80~90日龄接种小鹅瘟弱毒疫苗。雏鸭出壳后1日龄接种小鹅瘟弱毒疫苗，或雏鸭出壳后1日龄注射小鹅瘟抗体，1周后再注射1次。

（2）治疗 本病发生后可及时注射小鹅瘟抗体，每只1毫升，已经发生喙短、骨骼短粗的鸭无治疗价值。饲料中添加维生素D_3也有一定的治疗效果。

四、鸭葡萄球菌病

鸭葡萄球菌病是由金黄色葡萄球菌引起的急性或慢性多种临床表现的条件性传染病，饲养条件差时很容易发生。临床上常见有败血症、脐炎、心内膜炎、创伤感染、关节炎等类型。

【临床症状】

（1）败血型 鸭败血型葡萄球菌病多发生于3~10周龄的幼鸭，常因皮肤外伤感染。患病鸭局部皮肤发生坏死性炎症或腹部皮下炎性肿胀，皮肤多呈蓝紫色，触诊皮下有波动感（图4-11）。病程稍长的病例，皮下化脓坏死，并引起全身感染，食欲废绝，最后因体质衰竭而死。

刁有祥　摄

图4-11　皮下炎性肿胀、呈蓝紫色

（2）脐炎型　鸭脐炎型葡萄球菌病常发生于出壳后1周内的雏鸭。患病雏鸭体质瘦弱，精神萎靡，食欲废绝，卵黄吸收不良，腹围膨大，脐部发炎肿胀，常因败血症死亡。

（3）关节炎型　鸭关节炎型葡萄球菌病经常发生于青年鸭或成年种（蛋）鸭，趾关节肿胀（图4-12、图4-13）、跛行，病程往往较长。

焦库华　摄

图4-12　左侧跖趾关节炎性肿胀

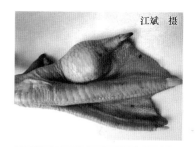
江斌　摄

图4-13　趾关节肿胀、呈球形

（4）内脏型　鸭内脏型葡萄球菌病常发生于成年种（蛋）鸭，表现为食欲减退，精神不振，有的鸭腹部明显下垂。

【剖检病变】

（1）败血型　败血型病鸭，皮下有出血性胶冻样浸润，胶冻液呈黄棕色或棕褐色，有的病例也有坏死性病变。

（2）脐炎型　脐炎型病死雏鸭，脐部坏死，卵黄吸收不良、稀薄如水。

（3）关节炎型　关节炎型病鸭，在关节囊内或滑液囊内有浆液性或纤维素性渗出物；病程稍长的病鸭关节囊内有干酪样坏死物质（图4-14）。

（4）内脏型 内脏型病死鸭，肝脏肿胀、质地较硬、表面呈黄绿色（图4-15、图4-16），脾脏肿大，泄殖腔黏膜有时可见坏死性溃疡灶，腹腔内有腹水和纤维素性渗出物。

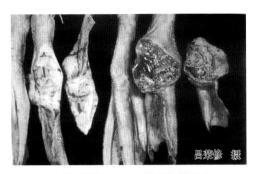

吕莱修 摄

图4-14 切开趾瘤可见黄褐色化脓液或干酪样凝块

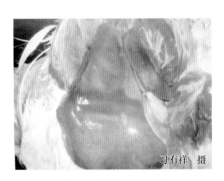

刁有祥 摄

图4-15 肝脏肿大、呈黄绿色

郭玉璞 摄

图4-16 肝脏肿大、呈黄绿色，左跖趾关节肿胀，心外膜有出血点

【类症鉴别】 诊断本病应与鸭痛风、鸭沙门菌病、鸭霍乱和鸭光过敏症等相鉴别。

（1）与鸭痛风的鉴别 详见"鸭痛风的类症鉴别"第3条。

（2）与鸭沙门菌病的鉴别 详见"鸭沙门菌病的类症鉴别"第8条。

（3）与鸭霍乱的鉴别 详见"鸭霍乱的类症鉴别"第9条。

（4）与鸭光过敏症的鉴别 鸭光过敏症不分年龄和品种，但白羽肉鸭最常见，一般常发生于5~10月阳光充足的季节，此时鸭群采食了含有光过敏性物质，再经阳光连续直射后而引起发病，病鸭上喙及鸭蹼背侧出现水疱、破溃、结痂，经10天左右脱痂，上喙严重变形而缩短，造成舌

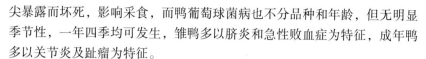

尖暴露而坏死，影响采食，而鸭葡萄球菌病也不分品种和年龄，但无明显季节性，一年四季均可发生，雏鸭多以脐炎和急性败血症为特征，成年鸭多以关节炎及趾瘤为特征。

【临床用药】 对于病鸭要及时隔离和消毒，有条件的养殖场最好采集病料，分离出病原菌，经药敏试验后，选择最敏感的药物进行治疗。

（1）**红霉素** 按照 0.01% ~ 0.02% 药量加入饲料中饲喂，连用 3 天。

（2）**土霉素** 按 0.2% 比例混入饲料饲喂，连用 3 ~ 5 天；或多西环素，100 千克水中加入 10 ~ 15 克，连饮 5 天。

（3）**氟哌酸**（诺氟沙星）、**环丙沙星** 每升水 50 毫升，饮水。

（4）**卡那霉素** 按每千克体重 1000 ~ 1500 单位，肌内注射，每天 2 次，连用 3 天；或庆大霉素，按每千克体重 3000 ~ 5000 单位，肌内注射，每天 2 次，连用 3 天。

（5）**中草药防治方 1** 雄连散、黄连、黄芪、金银花、大青叶、雄黄等适量，共研末，按每天每千克体重 1 ~ 2 克，拌料或饮水，连用 3 天。

（6）**中草药防治方 2** 金荞麦全草制剂或根制剂，预防量以 0.1% 比例拌料，连喂 3 天，治疗量以 0.2% 比例拌料，连用 3 ~ 5 天。

（7）**中草药防治方 3** 黄连、黄檗、黄芩、板蓝根、焦大黄、茜草、大蓟、车前子、神曲、甘草各等份，共研末，成年鸭每千克体重 1 克，雏鸭每千克体重 0.6 克拌料饲喂。每天 1 次，连用 3 ~ 5 天。

五、鸭丹毒

鸭丹毒是由红斑丹毒丝菌引起的多种禽类共患的一种急性败血性传染病。该菌也可感染猪、人等多种哺乳动物，多种动物均可带菌排毒，该菌在环境中存活时间较长，在预防和治疗本病时要注意自身保护。一般认为，鱼粉等是造成鸭、鹅丹毒的重要来源。本病的传播途径为伤口、精液和消化道感染，猪群与禽群混养极易造成本病的发生。

【临床症状】 本病的潜伏期不一，多为 2 ~ 4 天。病鸭体温升高至43℃甚至以上，食欲废绝，羽毛松乱，出现下痢，病程为 3 ~ 4 天，最后死亡。有些病鸭体质虚弱（图 4-17），关节肿胀，并在肿胀的关节液中分离出红斑丹毒丝菌。蛋鸭、种鸭产蛋量下降。

【剖检病变】 肝脏肿大、质脆，颜色呈灰黄色，表面可见针尖大小的米黄色坏死灶（图4-18、图4-19）；脾脏肿大，质地脆弱，呈紫黑色；心外膜有点状出血，特别是在冠状沟和纵沟部位较多见（图4-20）；肺脏充血；肠道充血，小肠黏膜呈弥漫性出血（图4-21）；慢性型病例常见膝关节肿大。有的病例出现纤维素性气囊

图4-17　病鸭虚弱，表现步态不稳

炎。由于本病剖检变化与鸭霍乱相似，所以需要进行细菌学诊断。

图4-18　肝脏肿大、质脆、呈土黄色

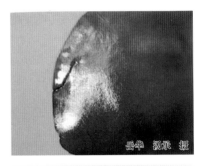

图4-19　肝脏表面可见针尖
大小的米黄色坏死灶

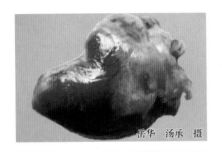

图4-20　心冠状沟点状出血

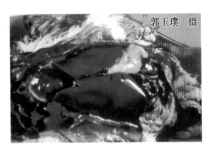

图4-21　小肠充血，肝脏
肿大，心外膜出血

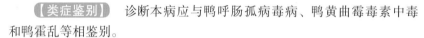

【类症鉴别】 诊断本病应与鸭呼肠孤病毒病、鸭黄曲霉毒素中毒和鸭霍乱等相鉴别。

(1) 与鸭呼肠孤病毒病的鉴别 详见"鸭呼肠孤病毒病的类症鉴别"第9条。

(2) 与鸭黄曲霉毒素中毒的鉴别 鸭黄曲霉毒素中毒的轻重与鸭只年龄和食入的毒量有关，雏鸭严重者可出现突然死亡，或表现共济失调、拱背、尾下垂，呈企鹅状，腿及蹼皮下出血、呈紫红色，死亡率可达100%，成年鸭多表现腹泻、贫血、消瘦、衰弱，产蛋率和孵化率降低，而鸭丹毒多发生于2～3周龄的幼鸭，成年鸭较少发生，其发病率一般为20%～30%，病死率为25%左右，主要表现全身虚弱，精神沉郁，有时下痢呈黄绿色，呼吸急促，体温升高，常于病后1～2天内猝死；鸭黄曲霉毒素急性中毒表现肝脏肿大、苍白或土黄色，质地变硬、有出血点，胆囊扩张、肾脏苍白、肿大，慢性中毒表现肝硬化、变黄，常见腹腔积液和心包积液，而鸭丹毒当全身羽毛拔光后可见皮肤表面有许多大小不等、形态不一的出血斑或广泛性的红斑，病死鸭可从口、鼻内流出暗黑色血样液体，脾脏肿大、发绀、质地柔软。

(3) 与鸭霍乱的鉴别 详见"鸭霍乱的类症鉴别"第10条。

【临床用药】

(1) 预防 防止病原菌传入鸭舍是预防本病的重要措施。避免与猪场距离太近，出入猪场的人员、器具等禁止进入鸭舍。不在废弃的养猪场中从事鸭养殖等。

(2) 治疗 在鸭场中一旦发生本病，要加强病鸭的隔离、鸭场的消毒及消灭蚊虫和病死鸭的无害化处理以控制传染源。改善饲养管理条件，提高鸭的抗病能力。可根据药敏试验对发病鸭只进行治疗。

六、肉鸭腹水症

肉鸭腹水症是由多种因素引起的一种综合病征，本病是以过多的浆液性液体积聚在腹腔，右心肌肉松弛扩张，肺部瘀血、水肿和肝脏肿大、变性为特征的非传染性疾病。

【临床症状】 发病日龄为2～7周龄、发育良好、生长速度较快的肉鸭。多发生于寒冷季节，且公鸭多发。初期症状是喜卧，不愿走动，精神委顿，羽毛蓬乱，腹部膨大，触之松软有波动感，腹部皮肤变薄发亮。羽毛脱落，捕捉时易抽搐死亡。死后可见喙、蹼及骨骼肌发绀。

【剖检病变】 剖开腹腔可见有大量清亮的、茶色或啤酒样积液（图4-22、图4-23），积液中常有纤维素絮状凝块（图4-24、图4-25）。心脏体积增大，质地变软，右心室极度扩张，心壁变薄，右心房内充满血凝块，心包积液，心外膜充血（图4-26）。肝脏边缘钝圆，质地变硬，被膜增厚（图4-27）。

图4-22 腹腔内有大量清亮的浅黄色积液

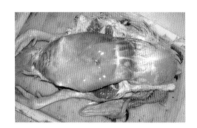

图4-23 腹腔及皮下均出现大量啤酒色的渗出液

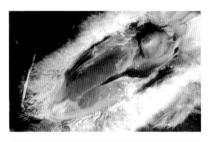

图4-24 腹腔和心包积液已成啤酒色凝块

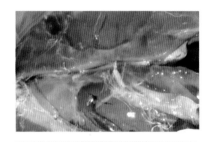

图4-25 腹腔和肝被膜外有浅黄色的纤维素性凝块

【类症鉴别】 诊断本病应与脂肪肝综合征、鸭大肠杆菌病、硒缺乏症和食盐中毒等相鉴别。

（1）与脂肪肝综合征的鉴别 详见"脂肪肝综合征的类症鉴别"第1条。

（2）与鸭大肠杆菌病的鉴别 详见"鸭大肠杆菌病的类症鉴别"第6条。

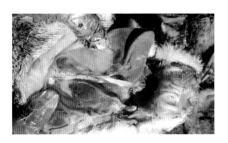

图4-26 心外膜高度充血、
呈弥漫性棕红色

图4-27 肝被膜增厚，边缘
钝圆，表面附有浅黄色凝块

（3）与硒缺乏症的鉴别 硒缺乏症主要发生于雏鸭，不分品种，发病快、死亡快，病雏鸭食欲减少或废绝，对外界的刺激反应迟钝，羽毛松乱，排绿色或白色稀粪，脱水，体重迅速减轻，肌肉松弛呈衰竭状，喜卧，若强行驱赶，步态不稳，左右腿交叉行走且易跌倒，常用喙和翅膀支撑身体，个别病鸭腿部皮下出现水肿，腹部膨大，3～4天死亡，而肉鸭腹水症主要发生于生长速度最快、个体最大的肉仔鸭，零星发生，发病缓慢，病程较长，全身瘀血、呈暗红色，多数腹部膨大；硒缺乏症剖检可见皮下脂肪消失，翼下和腿部皮下呈浅红色或绿色或黄色胶样浸润，有的胸腹皮下也呈胶冻状，胸肌和腿肌变薄且颜色苍白，有的出现黄白色条纹，胸腔和心包腔积有浅黄色液体，心肌松弛、色浅呈灰白色条纹状，心室扩张，心壁变薄，肝脏轻度浑浊、肿胀，胰腺表面有点状出血，脑神经细胞胞体皱缩，细胞结构丧失，核皱缩、裂解，而肉鸭腹水症全身皮肤、喙、蹼及骨骼肌发绀，腹腔及心包腔内有大量茶色或啤酒样积液，有的可见纤维素絮状凝块，肝脏肿大、钝圆且质地坚实，肺脏瘀血、水肿。

（4）与食盐中毒的鉴别 鸭食盐中毒后，渴感强烈，死前还在喝水，饮水量大增以至于病鸭低头时可从口、鼻流出浅黄色液体，水样腹泻，有的皮下水肿，蹼向后弯并行走困难，嘴不停地张合，有时出现肌肉抽搐，头颈弯曲且胸腹朝天挣扎，最后昏迷、虚脱而死，雏鸭鸣叫、乱撞、向后仰头、脚蹬地并向后翻转呈仰泳状随后死亡，而肉鸭腹水症无上述神经症状，仅见体表瘀血、呈暗红色及腹部膨大的现象；食盐中毒剖检可见食管膨大部黏膜脱落并充满黏液，腺胃充血、有伪膜，小肠黏膜充血、出血，腹腔和心包积液，心外膜有出血点，肺脏充血、水肿、脑膜充血、有针尖大小出血点，皮下水肿、呈胶冻样，而肉鸭腹水症可见腹腔及心包腔内有大量茶色或啤酒样积液，有的可见纤维素絮状凝块，肝脏肿大、钝圆且质地坚实。

【临床用药】 鸭只一旦出现临床症状，单靠治疗难以获得预期效果。应认真分析有可能引发本病的各种因素，采取预防措施，比治疗更现实。除严重病例应及早淘汰外，较轻的病例可采取综合治疗措施。

1）改善鸭群管理及环境条件，防止拥挤，改善通风换气条件，保证鸭舍内有较充足的空气流通，防止过冷。

2）早期限饲，控制生长速度或适当降低饲料的能量。禁止饲喂发霉的饲料。

3）日粮中补充维生素和微量元素，防止食盐及各种药物超量。另外适当补充维生素C，每千克饲料添加0.5克的维生素C，对预防腹水症效果良好。

4）防止饲料中的某些毒素引起肝脏纤维化，导致血中液体渗出并积聚于体腔，毒素还可通过干扰血液在肺脏中携带氧的过程而使心脏功能受损害而产生腹水。可用水合硅铝酸钙钠降低饲料中黄曲霉毒素的毒性。

5）中草药疗法有良好的效果，即二丑、泽泻、木通、商陆根、苍术、猪苓、谷子、灯芯草、竹叶各500克，研成粉末。治疗量为每只肉鸭每次2克，预防量每只0.3克，按照采食量混入饲料中，由3日龄开始，食7天停药5天，共3个疗程。

6）对于已经发病的鸭只，可在饲料中添加利尿剂，通过增加肾小球的滤过率或减少肾小管的重吸收而排出大量水分，以对症治疗。

七、鸭光过敏症

鸭光过敏症是由于鸭采食了含有光过敏物质的饲料、野草及某些药物（如痢特灵），经阳光照射一段时间后而发生的一种疾病。发病率可达20%～60%，严重者高达90%。

【临床症状】 眼发炎、流泪，有分泌物，眼睑粘连。上喙背侧和蹼背侧出现水疱性皮炎（图4-28），有黄豆至蚕豆大，压之有波动感，为浅黄色液体，可连成片，破溃后结成痂皮，剥离可出血（图4-29），有腐臭味，大约10天结痂脱落，变棕黄红色或暗红色溃疡。随后上喙背侧边缘变厚，从远端和两侧向上翻卷，上喙横向扩张（图4-30、图4-31），舌尖外露发炎、坏死，食欲锐减，精神沉郁，体温稍升。幼鸭生长受阻，成年鸭产蛋量下降，死亡率约为10%。

图4-28　上喙背侧出现
水疱性皮炎

图4-29　上喙角质层脱落，
其下出血、结痂

图4-30　上喙边缘变厚并横向扩张，
从远端和两侧向上翻卷

图4-31　鸭群中许
多鸭只上喙变形

【剖检病变】　主要见上喙和蹼出现弥漫性炎症、水疱，以及水疱破溃后形成结痂、变色和变形（图4-32、图4-33），舌尖外露、坏死。皮下血管断端血液凝固不良，呈紫红色，如酱油样。膝关节处皮下有紫红色条纹状出血斑及胶样浸润。十二指肠卡他性炎症。有些病例还可见到肝脏有大小不等的坏死点。

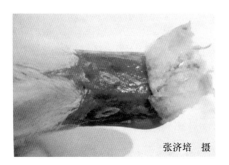

张济培 摄

图4-32 上喙角质层水疱痂皮
剥落，其下层出血

郭玉璞 摄

图4-33 鸭蹼上水疱破裂后结痂

【类症鉴别】 诊断本病应与维生素 A 缺乏症、鸭葡萄球菌病和鸭短喙侏儒综合征等相鉴别。

(1) 与维生素 A 缺乏症的鉴别 维生素 A 缺乏症的雏鸭和幼鸭主要表现对外界刺激敏感，喙和蹼颜色变浅，角质部分脱落，口腔伪膜如豆腐渣样，呼吸困难，常见流鼻液，出现结膜炎和角膜浑浊甚至穿孔，初期眼内流出浆液性泪液，后期浑浊似牛乳状分泌物并使上下眼睑黏合，严重者眼内积有大块白色干酪样物质，而鸭光过敏症无上述症状，其主要表现为喙和蹼先起水疱，后破溃、结痂，喙变形、缩短，舌尖暴露易干瘪坏死；维生素 A 缺乏症剖检可见眼、口腔、咽部、食道、食道膨大部及消化道等上皮角化，黏膜表面有白色的散在小疱状结节，肾脏呈灰白色，肾小管内充满白色尿酸盐而形成花斑肾，往往内脏表面也有尿酸盐沉积，此种现象非体内尿酸代谢障碍，而是由于肾损伤引起尿酸排泄受阻所致，而鸭光过敏症则无此变化。

(2) 与鸭葡萄球菌病的鉴别 详见"鸭葡萄球菌病的类症鉴别"第4条。

(3) 与鸭短喙侏儒综合征的鉴别 详见"鸭短喙侏儒综合征的类症鉴别"第4条。

【临床用药】 目前尚无特效药物进行治疗。当早期发现少数鸭只上喙出现上述症状和变化时，立即停喂可疑含有光过敏性物质的饲料或者药物（如喹乙醇、痢特灵），并且在一定时间内应尽量减少光照时间。病例较少情况下，可采用对症疗法：如有结膜炎者，用2%雷夫奴尔溶液冲洗；上喙及蹼的病变可用龙胆紫（甲紫）或碘甘油涂擦患部，以促进其恢复。

第五章

鸭中毒性疾病的鉴别诊断与防治

中毒性疾病的发生因素及鉴别诊断要点

鸭中毒病时常发生，也是当前危害养鸭业生产的重要问题之一，它可因生产性能下降其至死亡给养鸭企业或养鸭户带来巨大经济损失。

一、疾病的发生因素

引起鸭中毒的原因有环境因素、饲料因素、药物因素和人为因素4个方面。

（1）环境因素　一是养鸭场周围如果有化工厂、农药厂、造纸厂、油漆厂及喷漆厂等厂家，这些厂家可能向环境中排放有毒有害物质，如果被鸭群接触到便可影响鸭群的生产性能甚至造成鸭只中毒死亡，如有机磷农药中毒等；二是鸭群活动的水塘其水质低劣，或存在动物的腐烂尸体等，也可引起鸭只对某些有毒有害物质的中毒现象，如肉毒梭菌毒素中毒等。

（2）饲料因素　一是饲料中的某些原料有意或无意地添加过量，如食盐、某种微量元素等，均可引起慢性或急性中毒；二是由于饲料存放不当造成其霉败变质，可引起霉菌毒素中毒、酸败的脂肪中毒，或污染了肉毒梭菌而中毒等一系列疾病问题；三是饲料原料中含有有毒有害物质，如误用了已拌入鼠药或农药的饲料，或磷酸轻钙等原料中含有过量的有毒的氟元素等，便可造成鸭群对这些物质的中毒现象。

（3）药物因素　一是在使用药物治疗疾病时，没有严格按照药典法规及使用说明去操作，随意增加剂量或同类多种药物混合一起应用，从而引发药物中毒；二是使用方法不当，如药物搅拌不匀，或不易溶于水的药物饮水使用，也可造成药物中毒；三是把多种不同类的且有配伍禁忌的药物混合使用，也易引发药物中毒。

（4）**人为因素** 一是农户给庄稼、蔬菜、瓜果等农作物喷洒农药时污染了鸭场及其周围的环境，对鸭群的生存造成严重影响；二是人为故意投毒，虽属偶然事件，但也在我们考虑和注意范围之内；三是鸭场职工给鸭群进行消毒工作时，过量使用消毒药物，或将清毒药物过量喷洒在鸭只体表及食槽和水槽内，从而引起消毒药物的中毒现象；再者，使用紫外线灯对鸭群进行照射消毒时间过长，也可引起光辐射性中毒现象。

二、中毒机理

毒物的毒理作用和药物的作用是一致的，毒物进入动物机体之后，通过吸收、分布、代谢和排泄，损害机体的组织及生理机能，从而引发中毒现象。

1）局部的刺激作用和腐蚀作用，这主要是化学物质的直接损害。

2）阻止氧的吸收、转化和利用，造成动物机体缺氧。

3）抑制动物机体内酶系统的活性。

4）放射性物质的毒理作用，主要是由于放射性物质的电离作用所产生的自由基团从而引起致毒作用。

三、鉴别诊断要点

引起鸭中毒的常见疾病的鉴别诊断要点，见表5-1。

表5-1 引起鸭中毒的常见疾病的鉴别诊断要点

病名	病因	临床特点	剖检特点	预防	治疗
黄曲霉毒素中毒	由于饲料及其原料储存不当而霉变。最常见的主要有黄曲霉和寄生曲霉产生的黄曲霉毒素。黄曲霉毒素共18种，其中以B1素毒力最强，其毒性是氰化物的10倍、砒霜的68倍	症状轻重与鸭只年龄和食入的毒量有关。雏鸭严重可出现突然死亡，或表现共济失调、拱背及尾下垂，或呈企鹅状，腿及爪蹼皮下出血、呈紫红色，死亡率可达100%；成年鸭多表现腹泻、贫血、消瘦、衰弱，产蛋率和孵化率降低	急性中毒表现肝脏肿大、呈土黄色或苍白，质地变硬、有出血点，胆囊扩张；肾脏苍白、肿大；慢性中毒表现肝硬化、变黄，常见腹腔积液和心包积液	防止饲料发霉，当饲料含水量低于12%或储存温度低于2℃及高于50℃时黄曲霉菌不能繁殖；防止发霉也可在每1000千克饲料中加入75%的丙酸钙1千克	本病无特效解毒药物。发现中毒要立即更换新鲜饲料，饮用5%葡萄糖水并加入0.01%的维生素C进行解毒

（续）

病名	病因	临床特点	剖检特点	预防	治疗
肉毒梭菌毒素中毒	肉毒梭菌广泛存在于自然界，细菌本身不致病，但在厌氧条件下能产生很强毒性的外毒素而引起鸭只中毒	潜伏期的长短取决于摄入毒素的剂量。中毒后一般经历两个阶段，第一阶段：萎靡不振，无力，趾屈曲，易跌倒，软颈，翅膀和腿麻痹，呼吸急促；第二阶段：全身瘫痪，深睡像死去，呼吸慢而深，下痢，泄殖腔外翻	缺乏特征性病理变化。只见十二指肠黏膜充血、出血，泄殖腔内有白色尿酸盐积聚，有些病例胃黏膜脱落	做好环境卫生消毒工作，及时清理病死动物，禁止饲喂腐败变质的食物	可用 C 型肉毒梭菌抗毒素，肌内或腹腔注射，每只成年鸭注射 2~4 毫升；也可用轻泻剂，如 10% 硫酸镁灌服
食盐中毒	日粮中食盐的正常含量占 0.25%~0.5%，当达到 3% 或每千克体重食入 3.5~4.5 克时，即可引起中毒。当饲料中缺乏维生素 E、蛋氨酸、钙和镁时，则增强了鸭对食盐的敏感度；供水不足	渴感强烈，死前还在喝水，饮水量大增以至于病鸭低头时可从口、鼻流出浅黄色液体；水样腹泻；有的皮下水肿；蹼向后弯，行走困难；嘴不停地张合，有时出现肌肉抽搐，头颈弯曲，胸腹朝天挣扎，最后昏迷、虚脱而死；雏鸭鸣叫、乱撞，向后仰头，爪蹬地并向后翻转呈仰泳状，随后死亡	食管膨大部黏膜脱落、充满黏液，腺胃充血、有伪膜，小肠黏膜充血、出血；腹腔和心包积液，心外膜有出血点；肺脏充血、水肿；脑膜充血、有针尖大小出血点；皮下水肿，呈胶冻样	调制饲料时要按正常的食盐添加量添加，并且要搅拌均匀；禁用劣质掺假的咸鱼粉或咸鱼干	立即停喂含盐饲料；轻症可给予充足的 3% 葡萄糖水；重症要采用间断供水，每小时给水 10~20 分钟，饮水中可加入 3% 葡萄糖、0.5% 醋酸钾和适量维生素 C，连饮 3~4 天

（续）

病名	病因	临床特点	剖检特点	预防	治疗
氟中毒	饲料或饮水中氟含量超标。磷酸氢钙是目前饲料生产中用量最大的磷补充剂之一，但大多数磷矿石中含氟量很高，必须经脱氟处理才能使用。工业污染、高氟地区的牧草和饮水也可造成氟中毒	急性中毒较少见，可引发急性胃肠炎和低钙血症。慢性中毒最常见，病鸭行走时双脚叉开呈八字脚，跗关节着地而行变得肿大，严重的可出现跛行或瘫痪，腹泻，由于饮水、采食困难而表现脱水、衰竭，蹼干瘪。产蛋母鸭产畸形蛋和沙壳蛋增多，产蛋量及受精率明显下降	急性中毒呈现急性或出血性胃肠炎；慢性中毒的幼鸭表现贫血、消瘦，脂肪胶样浸润，长骨和肋骨变软，上喙柔软似橡皮样，肾脏肿胀，其输尿管内有尿酸盐沉积	保证饲料原料的质量，使用含氟量符合标准的磷酸氢钙。在饲料中添加植酸酶，植酸酶可提高植酸磷的利用率；通过减少无机磷的使用量，降低饲料中氟含量	目前对氟中毒尚无特效解毒药物，中毒后应立即停喂高氟饲料，并在饲料中添加硫酸铝800毫克/千克、鱼肝油、多维素、1%~2%的骨粉和乳酸钙
磺胺类药物中毒	盲目加大磺胺类药物剂量，或用药时间过长，或混料搅拌不匀等，均可导致磺胺类药物中毒	急性中毒表现兴奋不安、摇头、共济失调、痉挛、麻痹等神经症状，有的下痢。慢性中毒表现羽毛松乱、食欲减退、饮欲增加，继而腹泻或便秘，严重贫血，可视黏膜苍白或黄染；产蛋量下降，软壳蛋和薄壳蛋增多	皮下、胸肌、大腿内侧肌肉明显出血；肝脏肿大，呈黄红色，有散在出血斑和坏死灶；肾脏肿大，呈土黄色，有出血斑，输尿管有尿酸盐；脾脏肿大，有出血点和灰白色梗死区；肠道出血；骨髓变为黄红色	严格掌控用药剂量和疗程，一般可连续用药5~7天，喂前要充分搅拌均匀；雏鸭和产蛋母鸭应慎用	一旦发现中毒应立即停药并供给充足饮水；饮服1%~2%碳酸氢钠溶液及5%葡萄糖水，饲料内添加维生素K

（续）

病名	病　　因	临床特点	剖检特点	预　　防	治　　疗
高锰酸钾中毒	用作饮水消毒时，其浓度过高（超过0.1%）或溶化不全，鸭群饮服时则会引起中毒	病鸭口腔、舌及咽部黏膜水肿、呈紫红色，口流黏涎。精神沉郁，行走摇晃，呼吸困难，有时拉稀	口腔、食道、食道膨大部、胃及肠管的黏膜出现充血、出血、溃疡、糜烂和脱落	高浓度消毒时勿让鸭接触；饮水浓度一般要在0.01%~0.02%之间，待充分溶解后饮用	立即让鸭群饮用2%~3%的鲜牛奶、鸡蛋清、豆汁。或用3%双氧水（过氧化氢溶液）10毫升，加100毫升水稀释后分多次灌服
一氧化碳中毒	取暖烧煤时燃烧不完全便会产生大量一氧化碳，如果无烟囱或倒烟，门窗紧闭，通风不良等情况，舍内含有0.1%~0.2%一氧化碳时，就会引起中毒	呼吸困难，表现不安，运动失调，站立不稳，不久即转入呆立、瘫痪、昏迷，死前出现角弓反张、痉挛、抽搐、死亡	血液呈鲜红色或樱桃红色；肺脏呈鲜红色，出现肺气肿，在肺脏的表面有小出血点；肝脏呈红黄色	燃煤取暖时要安装烟囱并防止漏烟及倒烟，做好舍内的通风换气，使舍内一氧化碳含量低于0.04%	立即打开门窗或通风换气设备，换进新鲜空气。轻症病鸭换气后会自行康复，重症症状下注射含糖盐水及强心剂有一定疗效

一、黄曲霉毒素中毒

黄曲霉毒素中毒是由于花生、麸皮、粕类、玉米、干草、稻草等收藏保管使用不善，使黄曲霉和寄生曲霉菌生长代谢产生了一种有毒物质，使鸭采食后而中毒。鸭对此较敏感，尤以幼鸭的敏感性最高，实验室常用幼鸭做黄曲霉毒素试验。

【临床症状】 幼鸭中毒主要表现为食欲不振，生长不良，贫血，叫声嘶哑，脱毛，步态不稳，跛行，腿脚呈浅紫色，鸭蹼出血（图5-1）。成年蛋鸭也出现行走摇摆、弓背、尾下垂（图5-2）。死亡前行走异样，出现角弓反张（图5-3）。本病以损害肝脏为主要特征。死亡率可达100%。

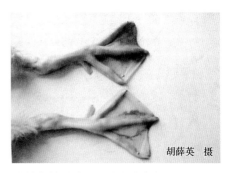

胡薛英 摄

图5-1 鸭蹼出血

刘晨 许日龙 摄

图5-2 弓背和尾下垂

刁有祥 摄

图5-3 死前出现角弓反张

【剖检病变】 特征病变主要为肝脏和全身浆膜出血。胸部皮下和肌肉有出血斑点。急性中毒时，肝脏肿大为正常的2~3倍，变硬有肿瘤结节，色泽苍白变浅，呈网状结构，有出血斑点和坏死（图5-4、图5-5）；胆囊扩张；腺胃出血，肌胃呈黑褐色糜烂（图5-6）；胸腺肿大、出血（图5-7）。慢性中毒时，肝脏变硬、萎缩，呈土黄色（图5-8），表面有白色点状或结节状增生病灶。脾脏肿大、色浅，质地变硬（图5-9）。肾脏出血，心包和腹腔有积水。

【类症鉴别】 诊断本病应与鸭呼肠孤病毒病、鸭病毒性肝炎、番鸭细小病毒病、鸭疱疹病毒性坏死性肝炎、鸭丹毒、维生素 B_1 缺乏症、脂肪肝综合征、肉毒梭菌毒素中毒、磺胺类药物中毒和高锰酸钾中毒等相鉴别。

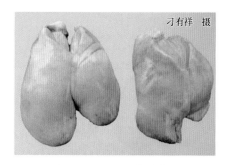

刁有祥 摄

图 5-4 肝脏肿大，颜色变浅
呈网状结构

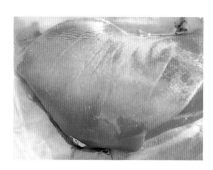

图 5-5 肝脏肿大、色淡、
出血，呈网状结构

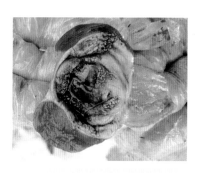

图 5-6 肌层糜烂呈黑褐色

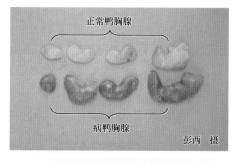

正常鸭胸腺

病鸭胸腺

彭西 摄

图 5-7 胸腺肿大、出血

图 5-8 肝脏呈土黄色，质地变硬

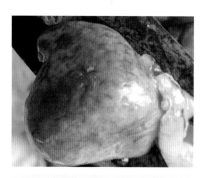

图 5-9 脾脏肿大、色浅，质地变硬

（1）与鸭呼肠孤病毒病的鉴别 详见"鸭呼肠孤病毒病的类症鉴别"第7条。

（2）与鸭病毒性肝炎的鉴别 详见"鸭病毒性肝炎的类症鉴别"第6条。

（3）与番鸭细小病毒病的鉴别 详见"番鸭细小病毒病的类症鉴别"第8条。

（4）与鸭疱疹病毒性坏死性肝炎的鉴别 详见"鸭疱疹病毒性坏死性肝炎的类症鉴别"第8条。

（5）与鸭丹毒的鉴别 详见"鸭丹毒的类症鉴别"第2条。

（6）与维生素 B_1 缺乏症的鉴别 详见"维生素 B_1 缺乏症的类症鉴别"第4条。

（7）与脂肪肝综合征的鉴别 详见"脂肪肝综合征的类症鉴别"第3条。

（8）与肉毒梭菌毒素中毒的鉴别 肉毒梭菌毒素中毒一般经历两个阶段，第一阶段为萎靡不振、无力，趾屈曲，易跌倒，软脖、翅膀和腿麻痹，呼吸急促；第二阶段为全身瘫痪，深睡像死去，呼吸慢而深，下痢，泄殖腔外翻，而黄曲霉毒素中毒的轻重与鸭只年龄和食入的毒量有关，雏鸭严重，可突然发病死亡，或出现共济失调、拱背、尾下垂呈企鹅状，腿及蹼皮下出血、呈紫红色，成年鸭多表现腹泻、贫血、消瘦、衰弱，产蛋率和孵化率降低；肉毒梭菌毒素中毒缺乏特征性病理变化，仅见十二指肠黏膜充血、出血，泄殖腔内有白色尿酸盐积聚，有些病例胃黏膜脱落，而黄曲霉毒素急性中毒则表现为肝脏肿大、呈土黄色或苍白，质地变硬并有出血点，胆囊扩张，肾脏肿大、苍白，慢性中毒表现为肝硬化、变黄，常见腹腔积液和心包积液。

（9）与磺胺类药物中毒的鉴别 磺胺类药物急性中毒表现兴奋不安、摇头、共济失调、痉挛、麻痹等神经症状，有的下痢；慢性中毒表现羽毛松乱、食欲减退、饮欲增加，继而腹泻或便秘，严重贫血，可视黏膜苍白或黄染，蛋鸭表现产蛋量下降且软壳蛋和薄壳蛋增多。而黄曲霉毒素中毒的雏鸭严重者可突然死亡，有的也出现共济失调，但还出现拱背及尾下垂似企鹅状，腿及蹼皮下出血、呈紫红色，成年鸭多表现腹泻、贫血、消瘦、衰弱，产蛋率和孵化率降低。磺胺类药物中毒剖检可见皮下、胸肌、大腿内侧肌肉明显出血，而黄曲霉毒素中毒则无此变化。

（10）与高锰酸钾中毒的鉴别 高锰酸钾中毒时，病鸭口腔、舌、咽部黏膜水肿、呈紫红色，口流黏涎，而黄曲霉毒素中毒则无此症状；高锰酸钾中毒剖检可见口腔、食道、食道膨大部、胃及肠管的黏膜出现充血、出血、溃疡、糜烂和脱落，而黄曲霉毒素中毒则无此变化。黄曲霉毒素急性中毒主要表现肝脏肿大、呈土黄色或苍白，质地变硬并有出血点，胆囊扩张、肾脏肿大、苍白，慢性中毒表现肝硬化、变黄，常见腹腔积液和心包积液。

【临床用药】 本病无有效药物治疗，在温暖多雨季节，饲料要注意防止霉变，防止饲料中黄曲霉的生长。发病时鸭群马上换料，再在每100千克饲料中加喂维生素C 50克、葡萄糖500克，很快就会停止发病。对早期发现的中毒鸭可投服硫酸镁、人工盐等盐类泻剂或者灌服甘草绿豆茶叶汤或0.1%高锰酸钾溶液，可缓解中毒。制霉菌素，每只口服3~5国际单位，每天3次，连用3天，效果也较明显。

二、肉毒梭菌毒素中毒

肉毒梭菌毒素中毒是由肉毒梭菌产生的外毒素引起的一种中毒病，又称软颈症、西部鸭病。自然发病大多是吃了含有毒素的腐烂饲料、腐败尸体、被毒素污染的饲料或饮用了含有毒素的饮水。肉毒梭菌有A、B、Ca、Cb、D、E、F、G 8型，毒素也分8型。A型常见于肉、鱼、果、蔬菜制品和罐头食品，毒性最强，能使人、猴、禽、马、貂、鱼类中毒。Ca型常见于蝇蛆和腐烂的水草中，主要侵害禽。Cb型常见于变质饲料和肉品类，禽、牛、马、羊、貂、人都易感。E型主要见于腐败鱼，主要侵害人、猴和禽。B型见于肉类及其制品，能使人、牛、马中毒，易感性较低。D型常见于变质肉和动物尸体，侵害牛、马。F型主要使人中毒。

【临床症状】 鸭吃食后1~4小时、最多1~2天即出现症状。沉郁嗜睡，步态不稳，头颈软弱无力而垂向前下方，头触地，两脚无力，卧地不起（图5-10），

图5-10 中毒鸭腿和翅膀麻痹，不能站立

站立呈企鹅姿势，两翅下垂、拖地（图5-11），强行驱赶则两翅拍打地面。有的俯伏、摇头伸颈、将头颈伸直平铺于地（图5-12）。眼半闭，流泪，瞳孔放大。停食，吞咽困难，排白色水样稀粪，泄殖腔外翻。呼吸加深、加快，后期慢而深，有的呼吸极度困难，最后昏迷死亡，病程几小时或1~2天。也有的经4~5天不死而恢复，但因产蛋减少而被淘汰。

图5-11　中毒鸭翅膀麻痹
下垂、呈企鹅状

图5-12　病鸭腿和颈部麻痹，
将头颈伸直平铺于地

【剖检病变】　鸭十二指肠充血、出血，有肠道卡他性炎症。咽喉、会厌黏膜点状出血。肺脏充血、水肿、气肿，表面有出血点或出血斑，气管有泡沫状渗出液。肝脏呈土黄色。心包积液，心肌、冠状沟、心内膜和心外膜有针尖大小的出血点。

【类症鉴别】　诊断本病应与鸭李氏杆菌病、食盐中毒、黄曲霉毒素中毒和一氧化碳中毒等相鉴别。

（1）与鸭李氏杆菌病的鉴别　鸭李氏杆菌病属于人、畜、禽均可感染的传染性疾病，在禽类中鸭、鹅、鸡和火鸡最易感，雏鸭和幼鸭比成年鸭更易感，多呈散发，其发病率不高，但致死率却很高，而肉毒梭菌毒素中毒属于食物中毒，肉毒梭菌广泛存在于自然界中，细菌本身不致病，但在厌氧条件下能产生很强毒性的外毒素而引起鸭只中毒。鸭李氏杆菌病的雏鸭往往突然发病且突然死亡，在1~2天内死亡的雏鸭常见精神沉郁、停食，有时下痢，呼吸困难、流泪，短时间内死亡，病程稍长的雏鸭主要表现痉挛和斜颈等神经症状，幼鸭出现结膜炎，成年鸭出现两脚麻痹，而肉毒梭菌毒素中毒不分年龄，发病后一般要经历两个阶段，第一阶段为萎靡不振，无力，趾屈曲，易跌倒，软脖，翅膀和腿麻痹，呼吸急促，第二阶段为全身瘫痪，深睡像死去，呼吸慢而深，下痢，泄殖腔外翻。鸭李氏杆菌病剖检主要表现坏死性肝炎和心肌炎，其病变有心包炎且心包内积有大量渗出物，心外膜有出血点，心肌有片状出血并呈多发性变性或坏死性心肌炎，肝脏肿大、呈绿色并有坏死灶，脾脏肿大、呈斑驳状充血，有些病鸭呈现急性卡他性胃肠炎，十二指肠黏膜呈弥漫性出血，而肉毒梭菌毒素中毒缺乏特征性病理变化，只见十二指肠黏膜充血、出血，泄殖腔内有白色尿酸盐积聚，有些病例可见胃黏膜脱落。

（2）与食盐中毒的鉴别　食盐中毒是鸭只渴感强烈，死前还在喝水，饮水量大增以至于病鸭低头时可从口、鼻流出浅黄色液体，水样腹泻，有的皮下水肿，蹼向后弯，行走困难，嘴不停地张合，有时出现肌肉抽搐，头颈弯曲，胸腹朝天挣扎，最后昏迷、虚脱而死，有时雏鸭出现鸣叫、乱撞、向后仰头，脚蹬地并向后翻转呈仰泳状，随后死亡。而肉毒梭菌毒素中毒主要表现无力、易跌倒，特别是出现软脖现象，翅膀和腿麻痹，最后全身瘫痪而死亡。食盐中毒时病死鸭皮下水肿、呈胶冻样，食管膨大部黏膜脱落充满黏液，腺胃充血、有伪膜，小肠黏膜充血、出血，腹腔和心包积液，心外膜有出血点，肺脏充血、水肿，脑膜充血、有针尖大小出血点，而肉毒梭菌毒素中毒无特征性病理变化。

（3）与黄曲霉毒素中毒的鉴别　详见"黄曲霉毒素中毒的类症鉴别"第8条。

（4）与一氧化碳中毒的鉴别　一氧化碳中毒主要表现呼吸困难，惶恐不安，运动失调，站立不稳，不久即转入呆立、瘫痪、昏迷，死前出现角弓反张、痉挛、抽搐，而肉毒梭菌毒素中毒主要表现颈部肌肉麻痹，出现软脖现象，翅膀和腿麻痹、无力、易跌倒，最后全身瘫痪，随后死亡；一氧化碳中毒可见血液呈鲜红色或樱桃红色，肺脏呈鲜红色，出现肺气肿，在肺脏的表面有小出血点，肝脏呈黄红色，而肉毒梭菌毒素中毒则无特征性病理变化。

【临床用药】　搞好鸭舍及其周围环境的清洁卫生，及时清除死鸭并将其深埋或焚化，杀灭该范围内的蝇蛆（尤其是鸭放牧的地区）。不喂腐败的肉粉、鱼粉、腐败蔬菜或死禽。一旦发现本病暴发流行，饲喂低能量饲料可降低死亡率。在炎热季节和干旱雨涝时尤其要注意防范本病。肉毒梭菌毒素在体外对13种抗生素敏感，但抗生素对该毒素无效。中毒较轻或刚发病时，用硫酸钠或高锰酸钾水洗胃有一定的效果。饮用5%～7%硫酸镁，结合饮用链霉素有一定的疗效。使用抗生素杆菌酞（1000千克饲料加100克）、链霉素（1000毫升水加1克），并定期使用氟苯尼考可降低死亡率。

三、食盐中毒

食盐中毒是由于饲料或饮水中食盐含量过高，或饮水受限、拌料不匀而引起的。据报道，鸭对食盐的毒性作用很敏感，饲料中加入2%的食盐，可使小鸭生长受到抑制，种鸭繁殖率降低。体重为0.6～0.8千克的鸭，只要吃到5克以上的食盐就可引起死亡。

【临床症状】　病鸭表现为食欲不振，渴感增强，口、鼻流出黏液。精神委顿，两脚无力，行动困难，伸颈晃头，东倒西歪，单腿或双腿呈划水状。呼吸困难，皮肤呈青紫色，鸣叫不安。严重的全身抽搐，痉挛死亡。

【剖检病变】　病鸭全身水肿，皮下呈黄色胶冻状浸润（图5-13）；食道充血，其纺锤形的膨大部中充满黏性液体，黏膜易剥离；腺胃黏膜充血、有伪膜覆盖；十二指肠黏膜水肿、充血、出血（图5-14），肠系膜水肿（图5-15）；心包与腹腔有大量黄色积液（图5-16）；肺脏充血、出血、水肿（图5-17）；肾脏肿大、色浅；心脏扩大、心肌出血，血液浓稠；脑水肿，脑膜血管显著充血扩张（图5-18）。

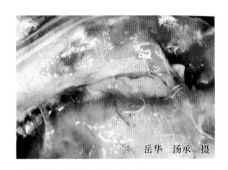

岳华　汤承　摄

图5-13　头颈部皮下水肿

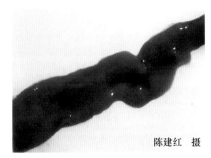

陈建红　摄

图5-14　十二指肠黏膜
水肿、充血、出血

陈建红　摄

图5-15　肠系膜水肿

陈建红　摄

图5-16　腹腔积液

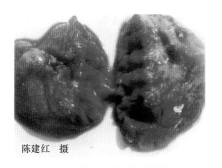

陈建红　摄

图5-17　肺脏出血、水肿

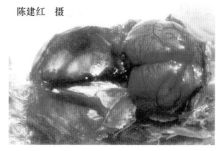

陈建红　摄

图5-18　脑膜显著充血

【类症鉴别】　诊断本病应与肉毒梭菌毒素中毒、鸭李氏杆菌病、肉鸭腹水症、硒缺乏症和高锰酸钾中毒等相鉴别。

（1）与肉毒梭菌毒素中毒的鉴别　详见"肉毒梭菌毒素中毒的类症鉴别"第2条。

（2）与鸭李氏杆菌病的鉴别　鸭李氏杆菌病属于人、畜、禽均可感染的传染性疾病，雏鸭和幼鸭比成年鸭更易感，多呈散发，其发病率不高，但致死率很高，雏鸭往往突然发病，在1～2天内死亡的雏鸭常见精神沉郁、停食，有时下痢，呼吸困难、流泪，短时间内死亡，病程稍长的雏鸭主要表现痉挛和斜颈等神经症状，幼鸭出现结膜炎，成年鸭出现两脚麻痹，而食盐中毒主要表现渴感强烈，饮水量大增以至于病鸭低头时可从口、鼻流出浅黄色液体，水样腹泻，行走困难，有时出现肌肉抽搐，头颈弯曲，胸腹朝天挣扎，最后昏迷、虚脱而死；鸭李氏杆菌病剖检主要见坏死性肝炎和心肌炎，其病变有心包炎，心包内积有大量渗出物，心外膜有出血点，心肌有片状出血并呈现多发性变性或坏死性心肌炎，肝脏肿大、呈绿色并有坏死灶，脾脏肿大、呈斑驳状充血，有些病鸭呈现急性卡他性胃肠炎，十二指肠黏膜呈弥漫性出血，而食盐中毒可见食管膨大部黏膜脱落充满黏液，腺胃充血、有伪膜，小肠黏膜充血、出血，腹腔和心包积液，心外膜有出血点，肺脏充血、水肿，脑膜充血、有针尖大小出血点，皮下水肿、呈胶冻状。

（3）**与肉鸭腹水症的鉴别**　详见"肉鸭腹水症的类症鉴别"第4条。

（4）**与硒缺乏症的鉴别**　硒缺乏症主要发生于雏鸭，不分品种，发病快、死亡快，病雏鸭食欲减少或废绝，对外界的刺激反应迟钝，羽毛松乱，排绿色或白色稀粪，脱水，体重迅速减轻，肌肉松弛呈衰竭状，喜卧，若强行驱赶，步态不稳，左右腿交叉行走且易跌倒，常用喙和翅膀支撑身体，个别病鸭腿部皮下出现水肿，腹部膨大，3～4天死亡，而食盐中毒主要表现渴感强烈，死前还在喝水，饮水量大增以至于病鸭低头时可从口、鼻流出浅黄色液体，水样腹泻，蹼向后弯，行走困难，嘴不停地张合，有时出现肌肉抽搐，头颈弯曲，胸腹朝天挣扎，最后昏迷、虚脱而死，雏鸭鸣叫、乱撞，向后仰头，脚蹬地并向后翻转呈仰泳状，随后死亡；硒缺乏症剖检可见皮下脂肪消失，翼下和腿部皮下呈浅红色、绿色或黄色胶样浸润，有的胸腹皮下也呈胶冻状，胸肌和腿肌变薄且颜色苍白，有的出现黄白色条纹，胸腔和心包腔积有浅黄色液体，心肌松弛、色浅呈灰白色条纹状，心室扩张，心壁变薄，肝脏轻度浑浊、肿胀，胰腺表面有点状出血，而食盐中毒剖检可见皮下水肿、呈胶冻样，食管膨大部黏膜脱落充满黏液，腺胃充血、有伪膜，小肠黏膜充血、出血，腹腔和心包积液，心外膜有出血点，肺脏充血、水肿，脑膜充血、有针尖大小出血点。

（5）**与高锰酸钾中毒的鉴别**　高锰酸钾中毒时病鸭表现为口腔、舌及咽部黏膜水肿、呈紫红色，口流黏涎，精神沉郁，行走摇晃，呼吸困难，有时拉稀，而食盐中毒主要表现渴感强烈，死前还在喝水，饮水量大增以至于病鸭低头时可从口、鼻流出浅黄色液体，水样腹泻，有的皮下水肿，蹼向后弯故行走困难，嘴不停地张合，有时出现肌肉抽搐，头颈弯曲，胸腹朝天挣扎，最后昏迷、虚脱而死，雏鸭鸣叫、乱撞，向后仰头，脚蹬地并向后翻转呈仰泳状，随后死亡；高锰酸钾中毒剖检可见口腔、食道、食道膨大部、胃及肠管的黏膜出现充血、出血、溃疡、糜烂和脱落，而食盐中毒剖检可见食管膨大部黏膜脱落充满黏液，腺胃充血、有伪膜，小肠黏膜充血、出血，腹腔和心包积液，心外膜有出血点，肺脏充血、水肿，脑膜充血、有针尖大小出血点，皮下水肿、呈胶冻样。

【临床用药】 鸭饲料中添加食盐时，应正确计算、准确称量，一般以0.3%为宜，不得超过0.5%。有些鱼粉的食盐含量很高，配料时要特别注意。此外，用食品下脚料时要慎重。发生中毒时应立即停喂含盐的饲料及水，给予加糖的清洁饮水，多喂些青绿多汁饲料。

1）治疗可用5%葡萄糖溶液饮水，连用4~5天，可以保肝、利尿、解毒和清除心包、腹腔内积水。对中毒严重的大群鸭可在5%葡萄糖溶液中再加入0.5%醋酸钾溶液饮水。

2）中药处方，即生葛根500克、茶叶100克，加水2千克，煮沸30分钟，待冷却后作为饮水，让病鸭自饮，可供400~500只鸭服用。对于中毒较重并已停食的病鸭，每只灌服5~10毫升，早晚各1次。

3）农户饲养的少量中毒病鸭，病初每只灌服食用油5~10毫升或口服碳酸氢钠0.3克，可清除体内过量的食盐。个别中毒严重出现腹水的病鸭，可行腹腔穿刺，慢慢抽出腹水，再注入10%葡萄糖注射液20~30毫升。

四、氟中毒

氟是家禽生长发育必需的一种微量元素，参与机体的正常代谢。适量的氟可促进骨骼的钙化，但食入过量会引起一系列毒副作用。若自然环境中的水、土壤中氟含量过高，会引起人、畜、禽的中毒。磷酸氢钙是目前饲料生产中用量最大的磷补充剂之一，但大多数磷矿石中含有较高水平的氟。用这些磷矿石生产的饲料磷酸钙盐添加剂若不经脱氟处理，则氟含量会很高，添加到配合饲料中将对家禽产生较大危害。工业污染、高氟地区的牧草和饮水也可造成氟中毒。中毒病鸭主要表现为关节肿大，腿畸形，运动障碍，种禽产蛋率、受精率和孵化率下降等。

【临床症状】 发病率和死亡率与饲料含氟量、饲喂时间及鸭日龄密切相关。急性中毒病例一般较少见，若一次摄入大量氟化物，可立即与胃酸作用产生氢氟酸，强烈刺激胃肠，引发胃肠炎。氟被胃肠吸收后迅速与血浆中钙离子结合形成氟化钙，导致出现低钙血症，表现呼吸困难、肌肉震颤、抽搐、虚脱、血凝障碍，一般几小时内即可死亡，濒死期呈侧卧姿势，两腿滑动似游泳状（图5-19）。生产上一般多见慢性氟中毒病例，行走时双脚叉开，呈八字脚。跗关节肿大（图5-20），严重的可出现跛行或瘫痪，腹泻（图5-21），蹼干燥，有的因腹泻、痉挛，最后倒地不起，衰竭死亡。产蛋鸭出血症状比较缓慢，采食高氟饲料6~10天或更长时间才会出现产蛋率下降，沙壳蛋、畸形蛋、破壳蛋增多。

图5-19 濒死时侧卧，两腿滑动呈游泳姿势

图5-20 跗关节肿大

【剖检病变】 急性氟中毒病例，主要表现急性胃肠炎，严重的出现出血性胃肠炎，胃肠黏膜潮红、肿胀，并有斑点状出血；心脏、肝脏、肾脏等脏器瘀血、出血。慢性氟中毒病例表现幼鸭消瘦，长骨和肋骨较柔软（图5-22），喙质地柔软（图5-23、图5-24）；有的鸭出现心脏、肝脏、脂肪变性，肾脏肿胀，输尿管有尿酸盐沉积。

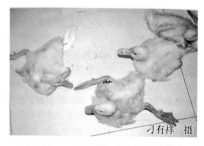

图5-21 病鸭腹泻、瘫痪

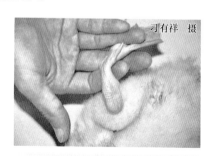

图5-22 骨骼柔软、易弯曲

刁有祥 摄

图 5-23 喙质地柔软

郭玉璞 摄

图 5-24 喙质地柔软似"橡皮状"

【类症鉴别】 诊断本病应与锰缺乏症、维生素 D 缺乏症和鸭坦布苏病毒病等相鉴别。

(1) 与锰缺乏症的鉴别 详见"锰缺乏症的类症鉴别"第 7 条。

(2) 与维生素 D 缺乏症的鉴别 详见"维生素 D 缺乏症的类症鉴别"第 6 条。

(3) 与鸭坦布苏病毒病的鉴别 详见"鸭坦布苏病毒病的类症鉴别"第 10 条。

【临床用药】

(1) 预防 保证饲料原料的质量,使用含氟量符合标准的磷酸氢钙。在饲料中添加植酸酶,植酸酶可提高植酸磷的利用率;通过减少无机磷的使用量,降低饲料中氟含量。

(2) 治疗 目前对氟中毒尚无特效解毒药。发现中毒,立即停喂含氟高的饲料,换用符合标准的饲料。在饲料中添加硫酸铝800毫克/千克,减轻氟中毒。饲料中添加鱼肝油和多种维生素。饲料中添加 1% ~ 2% 的骨粉和乳酸钙。

五、磺胺类药物中毒

磺胺类药物是一类抗菌谱较广的药物,能抑制大多数革兰阳性和阴性细菌,同时还有抗球虫的作用,是家禽较为常用的药物。但是如果用药不当,极易引起急性或慢性中毒,严重的甚至导致死亡。磺胺类药物中毒是目前较为常见的一种鸭药物中毒性疾病。

【临床症状】 急性中毒主要表现为兴奋不安、摇头、厌食、腹泻、惊厥、麻痹等症状（图5-25、图5-26）。
慢性中毒多见于用药时间过长，病
鸭表现为精神沉郁，食欲减少或消
失，口渴，羽毛蓬乱，腹泻或便秘，
生长停滞；有的病鸭面部呈局部灶
性肿胀，皮肤呈蓝紫色；鸭蹼出血
（图5-27）；有肾脏病变的常排出带
有大量尿酸盐的粪便；产蛋鸭产蛋
量下降，有的产薄壳蛋、软壳蛋，
蛋壳粗糙；严重者贫血、黏膜黄疸、
血凝时间延长。

图5-25 病鸭出现神经
症状，惊恐、甩头

图5-26 病鸭流泪、脚软、
惊厥，扭头震颤

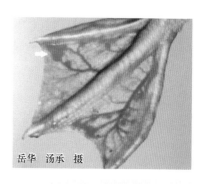

图5-27 鸭蹼出血

【剖检病变】 以身体的
主要器官出现不同程度的出血
为特征。血液稀薄，凝固不良。
皮下、眼睑有大小不等的出血
斑（图5-28）。喉头有针尖至豆
粒大小的出血点，气管黏膜出
血。腺胃和肌胃交界处黏膜有
陈旧的紫红色斑或条状出血，
肌胃角质膜下有出血点。十二

图5-28 病鸭消瘦，全身皮下大面积出血

指肠黏膜出血较明显。盲肠充满酱油色较稀的内容物，盲肠扁桃体肿胀、出血。泄殖腔黏膜呈弥漫性出血。肝脏瘀血，呈紫红色或黄褐色，略肿大，表面可见少量出血斑点或针尖大小的坏死灶（图5-29）。胆囊肿大，充满浓稠绿色胆汁。脾脏颜色发黄、肿大、充血、出血（图5-30）。肾脏肿胀、色浅、充血、出血（图5-31），呈花斑肾样病变；输尿管增粗，充满白色的尿酸盐。心内膜出血，有的心肌上有灰白色结节。肺脏瘀血，支气管出血。骨髓出血（图5-32）。睾丸呈灰黄色、肿大，有的有出血点。

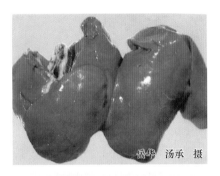

图5-29　肝脏色黄、肿大、充血、出血

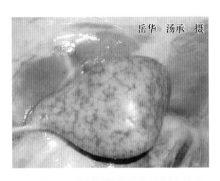

图5-30　脾脏色黄、肿大、充血、出血

图5-31　肾脏色浅、肿大、充血、出血

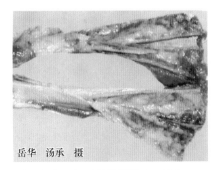

图5-32　骨髓色浅、出血

【类症鉴别】　诊断本病应与鸭痛风、鸭霍乱和黄曲霉毒素中毒等相鉴别。

（1）与鸭痛风的鉴别　详见"鸭痛风的类症鉴别"第2条。

（2）与鸭霍乱的鉴别　详见"鸭霍乱的类症鉴别"第 13 条。

（3）与黄曲霉毒素中毒的鉴别　详见"黄曲霉毒素中毒的类症鉴别"第 9 条。

【临床用药】　使用磺胺类药物时，应严格掌握用药剂量及用药时间。一般用药不应超过 1 周，用药期间应供应足够饮水并适量补充电解多维。加入饲料中的药要事先研细，先少量混匀后再逐级混匀。

发生鸭群中毒，应立即停止用药，用 1%～5% 碳酸氢钠水溶液加电解多维，并保证饮水充足，可缓解病情减少死亡。

六、高锰酸钾中毒

高锰酸钾具有消毒和补锰的作用，所以常用作饮水的消毒和补充微量元素锰。饮水中含量一般在 0.01%～0.03% 之间。由于高锰酸钾溶于水后产生新生态氧并释放大量热量，其浓度较大（超过 0.1%）或溶化不全，水被鸭饮用时则会引起中毒。高锰酸钾对鸭的损害主要是腐蚀鸭的消化道黏膜。

【临床症状】　鸭饮用了高浓度的高锰酸钾而引起的急性中毒，主要是对组织细胞具有剧烈的腐蚀作用，特别是口腔、舌及咽部黏膜呈现紫红色，口流黏涎，同时还出现水肿。病鸭精神沉郁，食欲减退或废绝，不愿运动，闭目呆立，形如昏睡，驱赶其走动时摇晃不稳，共济失调，呼吸困难。有些病例出现拉稀。有些鸭的下颌部皮肤由于在饮高锰酸钾溶液时受到腐蚀，该处的皮肤充血，羽毛脱落。

【剖检病变】　其主要病变多限于与药物直接接触的器官，如口腔、食道、食道膨大部、胃及肠管的黏膜出现充血、出血、溃疡、糜烂和脱落。肝脏及肾脏等其他实质器官出现不同程度的变性，还有可能损伤肾脏、心脏及神经系统。

【类症鉴别】　诊断本病应与食盐中毒和黄曲霉毒素中毒等相鉴别。

（1）与食盐中毒的鉴别　详见"食盐中毒的类症鉴别"第 5 条。

（2）与黄曲霉毒素中毒的鉴别　详见"黄曲霉毒素中毒的类症鉴别"第 10 条。

【临床用药】　严格控制饮水浓度，若用高浓度溶液进行消毒时，应防止鸭接触和饮用。在用作饮水消毒时，必须在充分溶解后，才可给鸭饮用，一旦发生中毒，可迅速在饮水中加入2%~3%的鲜牛奶、鸡蛋清、豆汁，供鸭饮用，以保护其胃肠黏膜。

七、一氧化碳中毒

鸭一氧化碳中毒多由冬、春季鸭舍内封闭较严、通风不良或煤炉装置不合适或烟道不畅等，造成空气中一氧化碳浓度增高，导致鸭组织缺氧所致。

【临床症状】　急性中毒时，病鸭表现为不安、嗜睡、呆立、运动失调、呼吸困难，临死前发生痉挛或惊厥震颤。亚急性中毒时，病雏羽毛粗乱，咳嗽，流泪，食欲减少，生长缓慢，易并发呼吸道疾病。

【剖检病变】　急性型病例，可视黏膜的血管和心脏内的血液呈樱桃红色（图5-33），尤以肺脏最明显；脏器表面呈鲜红色，有散在的出血点（图5-34）。亚急性型和慢性病鸭，心脏、肝脏、脾脏、肾脏等器官肿大；脑血管扩张，渗出液增加，严重者脑组织变性、软化和坏死。病死雏鸭全身皮肤呈樱桃红色，个别出现紫红色斑块状，血液呈樱桃红色，且凝固不良；全身肌肉呈黑红色，无光泽；口腔内含有大量的黏液，气管环出血；个别胸骨凸出；肺脏呈鲜红色，瘀血、水肿（图5-35）；心包积液，心肌变硬，心包膜、心冠脂肪有针尖大小出血点；肝脏呈黄红色，肿大，表面有出血点（图5-36）；肾脏肿大、充血，有尿酸盐沉积呈花斑肾，输尿管内有大量尿酸盐蓄积；胆囊肿胀；肠黏膜呈樱桃红色。

郭玉璞　摄

图 5-33　血管和内脏器官内的血液呈樱桃红色

刁有祥　摄

图 5-34　病鸭内脏器官呈鲜红色

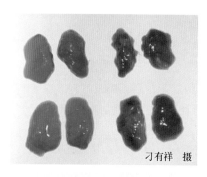

图 5-35 肺脏呈鲜红色，瘀血、水肿

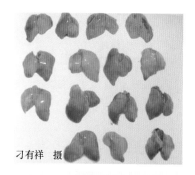

图 5-36 肝脏呈黄红色，肿大

【类症鉴别】　诊断本病应与鸭病毒性肝炎、鸭链球菌病和肉毒梭菌毒素中毒等相鉴别。

（1）与鸭病毒性肝炎的鉴别　详见"鸭病毒性肝炎的类症鉴别"第7条。

（2）与鸭链球菌病的鉴别　详见"鸭链球菌病的类症鉴别"第9条。

（3）与肉毒梭菌毒素中毒的鉴别　详见"肉毒梭菌毒素中毒的类症鉴别"第5条。

【临床用药】　鸭舍内应注意通风良好，煤炉装置要确保安全，经常检查烟道是否通畅。发现中毒现象时，要立即打开窗户，将鸭移到通风良好、空气新鲜的地方，饮水中加入维生素 C、黄芪多糖，以增强机体抗力，症状轻者可以很快恢复。为预防由于通风换气应激所致的继发感染，饲料中可加入氟哌酸（诺氟沙星），连用 5 天。

附　　录

附录 A 鸭的病理剖检方法

一、病理剖检准备工作

在剖检之前，主要做好以下 5 项准备工作：

（1）剖检器械的准备　手术刀或其他剖检刀具、手术剪、骨钳、镊子及搪瓷盘等。

（2）病料采集与送检所需用品的准备　酒精灯、75% 酒精棉球、手术刀片、铂金钩取环、培养皿、手术剪、镊子、一次性注射器及存放病料的无菌瓶、无菌袋等器械物品，如果需要长途转运病料还应准备保温防震泡沫箱及足量冰块。

（3）个人防护用品的准备　隔离衣、口罩、一次性胶皮手套及胶靴等。

（4）剖检地点的选定　符合生物安全的剖检地点。

（5）消毒剂等用品的准备　主要是准备化学消毒剂对器械、用品、场地消毒及深埋尸体、病料时使用，其次是准备好焚烧尸体的燃料及提前挖好掩埋尸体的深坑。

二、病理剖检注意事项

1）首先要根据鸭群的发病情况、流行病学及临床症状等所显现的资料信息，先做出初步判定，尽量把正在发生的该次鸭病大体分清是哪一类，如人畜共患病、传染病（一类、二类、三类等）、寄生虫病、代谢病等，再决定下一步的病理剖检工作。

2）剖检前一定要做好兽医人员的自身安全防护工作。剖检时要做到认真、仔细、全面，按照病理剖检的程序进行。

3）剖检地点最好选在兽医诊疗室的解剖台，或生产场区的下风处并且尽量远离生产场区的地方。

4）送检病料的采集或病原采集的接种，一定要严格按照规程进行操作，尽量避免污染其他杂菌。

5）剖检后的尸体及病料要进行无害化处理，如焚烧、深埋等。

6）剖检地点要进行严格的清扫和消毒处理，可使用2%～5%来苏儿、1%～2%热火碱（氢氧化钠）溶液、0.1%～0.2%三氯异氰尿酸钠溶液等消毒剂进行泼洒消毒，随后解剖室内要用紫外线灯照射消毒。

三、病理剖检程序

在进行病理剖检之前，首先要进行一般情况的了解，如死亡鸭只的品种、日龄、性别、饲养管理情况（饲料种类、来源、有无变质发霉等）、流行病学情况（本地过去、现在发生过何种传染病，周围流行过何种疫病等）、发病时间、发病数量、死亡情况、临床症状、治疗方案、治疗效果等，随后带着这些问题去进行病理剖检工作。

（1）外部观察 先观察病死鸭的肥瘦情况；羽毛是否有光泽、污秽、松乱、有无脱毛等现象；皮肤有无肿胀、瘀血、出血、充血、结痂等；再检查天然孔（眼睛、鼻腔、口腔等），看有无分泌物流出，分泌物的性状、颜色、数量；检查可视黏膜的颜色，看有无充血、瘀血、出血、贫血等；观察泄殖腔周围的羽毛有无粪便污染，粪便颜色；关节的脚、趾、蹼有无肿胀、化脓或其他异常。

（2）皮下检查 用冷水或消毒液将病死鸭尸体浸湿（防止剖检时小羽毛和尘埃飞扬），然后将鸭尸体仰放（即背位）在搪瓷盘。先将腹壁和两侧大腿之间的皮肤纵行切开，然后紧握大腿向外向下翻压，使两髋关节脱位，两腿即可平稳地放在盘中，然后在龙骨末端、腹部皮肤处做横切线，使两侧大腿与腹壁之间的纵切口连接起来，并将龙骨后方的皮肤掀起向前剥离，直至头部。观察皮下脂肪含量、色泽、血管情况，有无充血、出血等症状。

（3）体腔器官检查 皮下组织检查结束后，在后腹部（龙骨和肛门之间）横切腹壁，再从腹壁两侧沿着肋骨关节向前方将肋骨和胸肌用剪刀剪开（最好使用骨钳），一直剪到喙骨和锁骨为止，握住龙骨突的后缘，用力向上前方掀向颈部，此时体腔内器官即可暴露。剖开体腔后，要注意观察各脏器的位置、颜色、浆膜及气囊的变化状况，体腔内有无液体，各脏器之间有无粘连等现象。然后将内脏取出检查。

1）肝脏检查。先观察肝脏的大小、颜色、边缘钝否，形状有无异常，表面是否光滑，质地是否脆弱易碎，有无坏死灶或肿瘤结节，数量多少等。然后纵行切开肝脏，检查切面及血管状况，肝脏结构是否清楚等；再检查胆囊的大小，胆汁的多少，剪开胆囊，注意观察胆汁的颜色、黏稠度及胆囊黏膜的状况。

2）脾脏检查。检查脾脏大小、颜色，然后剪断脾动脉，取出脾脏，切开检查切面脾小体及脾髓的情况。

3）胃肠道检查。在心脏的后方剪断食管，向后方牵拉腺胃，剪断肌胃与背部的联系、肠系膜及肠系膜动脉，到泄殖腔前端剪断直肠，即可取出腺胃、肌胃和肠道，然后按顺序检查。注意肠系膜、胃肠道浆膜是否光滑，有无炎性渗出物或肿瘤散布。先观察腺胃外表、形态、容积、浆膜状态；然后沿腺胃长轴纵行剪开，检查内容物的性状、气味、颜色及黏膜性状和腺胃乳头，看有无充血、出血、溃疡及胃壁增厚等。然后观察肌胃浆膜的光滑状况，胃壁上的脂肪颜色及肌胃的硬度。从大弯部剪开肌胃，观察内容物及角质膜的性状，再撕去角质膜，检查角质膜下及肌肉的状况。最后，自前至后检查小肠、盲肠及直肠的肠腔状态。展开小肠，在小肠前段弯曲间取出胰脏，检查其颜色及质地，再沿肠系膜附着部剪开肠道，检查各段肠内容物的性状、气味，观察肠壁是否增厚，黏膜有无充血、出血、坏死、溃疡，以及盲肠起始部的盲肠扁桃体是否肿大，有无溃疡、坏死和出血，盲肠腔中有无出血或干酪样栓塞物。

4）心脏检查。在原位纵行剪开心包，观察心包液的性状和含量，心包的厚薄，心外膜是否光滑，有无出血、渗出物、尿酸岩沉积、结节或坏死灶等。然后在心底部将动、静脉剪断，取出心脏，观察心脏的外形、纵径与横径的比例。最后剖开左、右心室，注意心肌切面的颜色，心壁的厚薄，心肌质地、结构，心内膜有无出血，以及心瓣膜上有无疣状物附着。

5）肺脏检查。先在原位检查肺脏的颜色及质地。必要时可将刀柄或剪刀尖部沿肺脏的边缘从肋间插入，剥离出肺脏，切开，观察切面上支气管及肺小叶的性状，有无分泌物、炎症病灶、坏死、结节、水肿等。

6）肾脏检查。可用刀柄在第6、7肋骨间至髂骨窝将肾脏剥离取出。

检查尖叶、中叶和尾叶的颜色、质地、尿酸盐的沉积量，有无坏死灶等。

7）生殖器官检查。雄性鸭主要检查两侧睾丸的大小、颜色及是否对称；雌性鸭主要检查卵巢及卵黄的颜色和形态，输卵管的外形，浆膜的颜色，再按照顺序剪开输卵管，检查黏膜的性状、出血、充血、水肿等症状。

8）口腔及颈部器官的检查。剪开一侧口角，观察后鼻孔、腭裂及喉头有无分泌物堵塞，口腔黏膜有无瘀血、水肿和伪膜。再向下剪开喉头、气管及食道，检查有无流出物，流出物的数量、性状、黏膜的颜色，有无出血、伪膜等。

9）脑的检查。用骨钳在两眶后缘之间横行剪断额骨，再从两侧剪开顶骨、枕骨，掀起头盖骨，即暴露出大、小脑。观察脑膜情况，有无充血、出血或软化病灶等。

（4）病料的采取 剖检之后要分清主要、次要病变，如果需要进行实验室检查，可根据情况采取病料。需做微生物学检查的病料，应在剖开体腔后立即用无菌方法采集，并置于灭菌的容器内。一般取肝脏、脾脏组织和有病变的器官，如果病料不新鲜，则取骨髓。留作毒物学检查的病料，一般是肝脏、肾脏、胃肠的内容物和饲料，应盛于清洁容器内，不能被化学药剂污染。用作病理组织学检查的病料，要尽可能地全面采集，除有明显病变外，也要取肉眼变化不明显的组织，并用10%福尔马林及时固定。

附录B 鸭场常用生物制品及参考免疫程序

一、鸭场常用生物制品

鸭场常用疫苗一览表，见表B-1。

表 B-1　鸭场常用疫苗一览表

分类	类别	疫苗名称	接种时间	使用方法	免疫期	存储期
疫苗	病毒疫苗	雏鸭肝炎弱毒疫苗	1日龄雏鸭；种鸭免疫，在产蛋前10天	雏鸭皮下注射0.1毫升；种鸭肌内注射0.5毫升，3~4个月后重复注射1次	雏鸭为1个月；种鸭接种后，后代得坚强免疫力	在-15℃以下保存，有效期为1年

（续）

分类	类别	疫苗名称	接种时间	使 用 方 法	免疫期	存储期
疫苗	病毒疫苗	鸭瘟鸡胚化弱毒疫苗	5日龄；60日龄	5日龄雏鸭肌内注射0.2毫升；60日龄肌内注射1毫升	6~9个月	在-15℃以下保存，有效期为18个月
		雏番鸭细小病毒弱毒活疫苗	出壳后48小时内	每只皮下注射0.2毫升	接种7天后产生主动免疫力	在-15℃以下保存，有效期为18个月
	细菌疫苗	禽多杀性巴氏杆菌病活疫苗	1日龄以上	按照标签注明头份，加入20%灭菌铝胶生理盐水稀释并摇匀。3月龄以上的每只胸部肌内注射0.5毫升	3~4个月	在2~8℃保存，有效期为1年
		多杀性巴氏杆菌病油乳剂灭活苗	2月龄以上	每只胸部肌内注射0.5~1毫升	6个月	在2~8℃避光保存，有效期为1年
		鸭传染性浆膜炎灭活苗	雏鸭	每只胸部肌内注射0.2~0.3毫升	3~6个月	在2~25℃保存，勿冻结，有效期为1年
		禽霍乱弱毒菌苗	3月龄以上	按瓶签注明羽份，加入20%氢氧化铝胶生理盐水稀释并摇匀，每只肌内注射0.5毫升	3~5个月	在25℃以下保存，有效期为1年
		禽霍乱油乳剂灭活疫苗	2月龄以上	每只鸭肌内注射0.5~1毫升	6个月	在2~15℃保存，有效期为1年
		禽霍乱组织灭活苗	2月龄以上	每只肌内注射2毫升	3个月	在4~20℃常温中保存，勿冻结，保存期为1年
		鸭传染性大肠杆菌油乳剂灭活苗	—	每只幼鸭肌内注射0.5毫升	3~6个月	在2~15℃保存，勿冻结，有效期为1年

（续）

分类	类别	疫苗名称	接种时间	使 用 方 法	免疫期	存储期
抗血清及卵黄抗体	抗血清	抗雏鸭肝炎病毒血清	预防或治疗时	雏鸭预防量每只皮下或肌内注射 0.5 毫升；治疗量每只皮下或肌内注射 1～2 毫升	—	放置在 −15℃ 冷冻，2 年内有效
		抗番鸭细小病毒血清	预防或治疗时	预防：出壳番鸭皮下注射 0.3～0.5毫升；治疗：每只番鸭皮下或肌内注射 1～2 毫升	—	放置在 −15℃ 冷冻，2 年内有效
		抗肉毒素血清	治疗鸭肉毒梭菌时	病鸭颈部皮下或胸部肌内注射，每只注射 2～4 毫升	—	在 2～8℃ 阴冷干燥处保存，有效期为 2 年
	卵黄抗体	雏鸭肝炎高免卵黄抗体	预防或治疗时	颈部皮下或胸部肌内注射，预防量每只0.5 毫升，治疗量每只1～2 毫升	—	置于 −15℃ 以下冷冻保存，有效期为 2 年

二、鸭场参考免疫程序

1. 商品代大型肉鸭参考基础免疫程序（表 B-2）

表 B-2　商品代大型肉鸭参考基础免疫程序

免疫时间	疫苗种类	注射剂量	注射方法
1 日龄	鸭瘟鸡胚化弱毒疫苗	1 毫升	
2 日龄	番鸭细小病毒弱毒疫苗	0.2 毫升	
14 日龄	鸭传染性浆膜炎菌苗	1 毫升	肌内注射
17 日龄	番鸭细小病毒弱毒疫苗	0.2 毫升	
60 日龄 68～70 日龄	禽霍乱氢氧化铝菌苗	2 毫升	

2. 大型肉鸭祖代和父母代参考基础免疫程序（表 B-3）

表 B-3　大型肉鸭祖代和父母代参考基础免疫程序

免 疫 时 间	疫 苗 种 类	注 射 剂 量	注 射 方 法
1 日龄	鸭瘟鸡胚化弱毒疫苗	1 毫升	肌内注射
2 日龄	番鸭细小病毒弱毒疫苗	0.2 毫升	
14 日龄	鸭大肠杆菌灭活苗	1 毫升	
17 日龄	番鸭细小病毒弱毒疫苗	0.2 毫升	
60 日龄 68～70 日龄	禽霍乱氢氧化铝菌苗	2 毫升	
150 日龄	产蛋下降综合征油佐剂	0.5 毫升	皮下或肌内注射
产蛋前	鸭 I 型肝炎病毒鸡胚化弱毒疫苗	1 毫升	肌内注射 2 次，间隔 2 周，每次 1 毫升

参 考 文 献

[1] 陈伯伦. 鸭病 [M]. 北京：中国农业出版社，2008.

[2] 刁有祥. 禽病学 [M]. 北京：中国农业科学技术出版社，2012.

[3] 陆承平. 兽医微生物学 [M]. 5 版. 北京：中国农业出版社，2013.

[4] SAIF Y M. 禽病学：第 12 版 [M]. 苏敬良，高福，索勋，译. 3 版. 北京：中国农业出版社，2012.

[5] 郭玉璞. 鸭病诊治彩色图说 [M]. 2 版. 北京：中国农业出版社，2003.

[6] 刁有祥. 鸭鹅病防治及安全用药 [M]. 北京：化学工业出版社，2016.

[7] 张丁华，王艳丰. 肉鸭健康养殖与疾病防治宝典 [M]. 北京：化学工业出版社，2016.

[8] 赵朴，王成龙，刘川川. 鸭类症鉴别诊断及防治 [M]. 北京：化学工业出版社，2018.

[9] 罗志英. 雏番鸭花肝病与细小病毒混合感染的诊治 [J]. 中国动物检疫，2013，30 (5)：68-69.

[10] 张艳芳，谢芝勋，谢丽基，等. 9 种鸭病毒病 GeXP 多重 PCR 检测方法的建立及其应用 [J]. 畜牧兽医学报，2016，47 (12)：2457-2468.

[11] 黄瑜，卢立志，傅光华，等. 当前我国南方养鸭生产存在的问题与疫病防控措施 [J]. 中国兽医杂志，2017，53 (8)：98-102.

[12] 刘思当，张臣伟. 肉鸭免疫及药物预防程序 [J]. 水禽世界，2012 (4)：18-19.